人工智能绘画一本通

王　昊　王雨蕴/著

人民美術出版社
北京

图书在版编目（CIP）数据

人工智能绘画一本通 / 王昊, 王雨蕴著. -- 北京 : 人民美术出版社, 2024. 12. -- ISBN 978-7-102-09508-0

Ⅰ. TP391.413

中国国家版本馆CIP数据核字第2024B0G424号

人工智能绘画一本通

RENGONG ZHINENG HUIHUA YI BEN TONG

编辑出版　人民美術出版社

（北京市朝阳区东三环南路甲3号　邮编：100022）

http：//www.renmei.com.cn

发行部：（010）67517611

网购部：（010）67517604

著　　者　王　昊　王雨蕴

责任编辑　胡晓航

装帧设计　茹玉霞

责任校对　姜栋栋

责任印制　胡雨竹

制　　版　北京字间科技有限公司

印　　刷　天津裕同印刷有限公司

经　　销　全国新华书店

开　本：787mm×1092mm　1/16

印　张：17

字　数：220千

版　次：2025年1月　第1版

印　次：2025年1月　第1次印刷

ISBN 978-7-102-09508-0

定　价：98.00元

如有印装质量问题影响阅读，请与我社联系调换。（010）67517850

序 言

2022年，当我和朋友们共同筹备编写关于人工智能绘画与设计的书籍时，我们并未预料到人工智能技术的发展会如此迅猛，并在2023年迅速成为热议的焦点。在我所教授的高校课程中，我将最新的人工智能绘画与设计内容融入其中，同时不断地对相关问题进行深入的思考与探索。

首先，人工智能绘画软件升级非常快，基于海量的素材、图像以及对数据的计算方法，在不断地更新迭代。在教授人工智能绘画与设计课程时，如何才能帮助学生掌握课程内容，教学内容应侧重于哪些方面呢？

人工智能绘画与设计是一门交叉学科，既有计算机科学，又有美学、设计学、心理学等不同学科，还有不同的绘画表现语言。这里重点讲解三方面内容：一是详细讲解人工智能绘画与设计的计算机生成逻辑、底层算法及相关人工智能绘画与设计理论知识；二是讲解人工智能绘画与设计的思维方法，不是仅通过简单描述进行创作的，也不是被动接受人工智能绘画作品的，而是以创作者的想法和创意为指导，借助人工智能的算法进行绘画表现的；三是讲解人工智能绘画与设计的表现技巧及创作经验，使初学者更容易上手，帮助美术专业学习者少走弯路，快速创作出符合自己需求的高质量作品。

其次，是否可以通过ChatGPT来编写“人工智能绘画”相关的书籍，通过ChatGPT可以学习更多的资料、视频，所编写的书籍可能更加全面，那么我们撰写这本书的优势在哪里？

人工智能目前还不具备对学习者的关心与理解的能力，我们撰写这本书是基于多年的教学经验，体会到各种不同层次学习者的切实需求。在撰写过程中，我们汲取了多位艺术家的大量创作案例，对创作思路进行详细分析，对关键词进行细致讲解。书中各个章节有机地组合在一起，形成一套完整的人工智能绘画创作的方法论。其中，强调“人”作为创作主体，以独特的思想指导计算机进行绘画创作。本书的读者可以没有任何美术基础，也可以没有图形、图像的概念，他们都能借助人工智能软件表现出理想的绘画作品。书中专门对非美术专业的学习者进行经验分享以及创作技巧的讲解，在大量创作实践中梳理和总结出重要且常用的关键词，将创作者对关键词的理解转换为人工智能的视觉表现形式，以便于初学者借鉴。

同时，本书也可以帮助专业画师、艺术家来表现个人的创作思想、艺术创意。艺术家要在作品中表现自己的创意，可以在人工智能绘画创作前期或后期对图像进行垫图、合成、深度修改等艺术加工。书中针对专业美术工作者撰写了相应章节内容，如“原创绘本插图”“原创数字绘画垫图”等具体应用案例，尤其是深度创作的思维方法更具有启发意义。既可以在原创作品、草图的基础之上进行人工智能绘画，又可以对人工智能绘画作品进行后期加工、调整，以便增强艺术家的创作比例，得到更具原创性的、更为完整的高水准作品。

还有一些是具备一定美术基础，但不十分专业的学习者，可以灵活运用此书，帮助自己快速提升绘画与设计能力，使创作效果得到更为专业的保障。

再次，这本书可以快速增强创作者对人工智能绘画的控制力，使学习者尽快了解和掌握人工智能绘画与设计的多种表现风格及艺术效果，让人工智能创作工具更加“听话”。本书具有以下4个方面的优势。

（1）改变以往人工智能绘画与设计的碎片化教学，使教学成为一个较为完整而系统的体系。

（2）本书将多种学科的相关知识点科学有效地组织在一起，涉及计算机科学、美术创作、艺术设计等不同专业知识，不仅可以提升学习者的创作能力，也在很大程度上提高学习者的艺术审美力、鉴赏力以及绘画与设计创作的思考能力。

（3）本书通过大量的实践案例，深入分析作品的创作思维和表现技巧，不拘泥于单一软件，而使学习者触类旁通地学习人工智能绘画工具的创作规律，从而在短时间内具备较强的实战能力。

（4）本书可以在阅读和练习的基础上，配合后期的线上、线下学习辅导，以主题工作坊等多种学习方式，组建相互交流的学习社群。

通过艺术家创作的作品和人工智能绘画作品相比较，其最大价值来源于艺术家独特的思想以及体现出的创造力、表现力。学习人工智能绘画，不能仅满足于通过关键词的输入得到一幅好看的图画，带来视觉的愉悦感。第一步，我们应当更多地思考、了解人工智能的运算方法和创作规律，从而通过关键词的描绘，使人工智能绘画作品达到创作预期，符合大众的审美，满足社会的需求。第二步，我们通过大量创作实践，深入研究人工智能绘画的优点及缺点，充分发挥它的长处，从而使艺术家的创作更为高效、优质，节省更多资源；同时要了解人工智能绘画的短板，巧妙地回避它、弥补它。第三步，我们最终要轻松自如地驾驭人工智能绘画工具，基于海量图像数据的基础完成运算，使它成为艺术家强大的助手。本书将人工智能绘画视为站在“巨人的肩膀上”的艺术创作，帮助艺术家将自身创造力、想象力发挥出更大的效用，将人类的思想凝练为艺术作品的灵魂。

最后，感谢书稿撰写过程中艺术家、工程师以及我的多名研究生共同付出的努力，感谢“完美世界”同人给予的大力支持！在此希望得到各方专家的指正，我们共同努力，为美术与设计界的从业者、爱好者，以及广大青年学生带来更多的启发与帮助，也希望为我国人工智能领域的发展增添一笔亮丽的色彩！

王 昊
2023年10月

目 录

第一章

AIGC发展史及人工智能绘画应用原理

第一节

AIGC发展史

2022年被称为AIGC元年，然而早在20世纪50年代中期，AIGC技术便已有萌芽。

AIGC（Artificial Intelligence Generated Content），即生成式人工智能，指由人工智能生成的内容，包括文本、图像、音频、视频等。这种技术通过深度学习、自然语言处理等算法，自动创作高质量内容，广泛应用于文案写作、艺术创作等领域。AIGC既可以从内容生产者的视角视为一类生成内容，也可以理解为一种内容生产方式。

AIGC的发展大致可分为3个阶段：早期萌芽阶段（20世纪50年代至90年代中期）、沉积积累阶段（20世纪90年代中期至2010年）以及快速发展阶段（2010年至今）。

早期萌芽阶段：人工智能整体受限于当时的科技水平，AIGC仅限于小范围的实验，也没有强有力的理论支撑和可落地的实际效果。

早期萌芽阶段

1957年，莱杰伦·希勒（Lejaren Hiller）和伦纳德·艾萨克森（Leonard Isaacson）完成了历史上第一支由计算机创作的音乐作品——弦乐四重奏《依利亚克组曲》（*Illiac Suite*）。1966年，约瑟夫·韦岑鲍姆（Joseph Weizenbaum）和肯尼斯·科尔比（Kenneth Colbv）共同开发了世界上第一个机器人“伊莉莎（Eliza）”。20世纪80年代中期，美国IBM公司创造了语音控制打字机“坦戈拉（Tangora）”，能处理两万个单词。

沉积积累阶段

沉积积累阶段：AIGC从实验性向实用性逐渐转变。2007年，美国纽约大学人工智能研究员罗斯·古德温（Ross Goodwin）装配的人工智能系统通过对自己在公路旅行中的所见所闻进行记录和感知，撰写出世界上第一部完全由人工智能创作的小说*1 The Road*（图1-1-1）。

图1-1-1

2012年，微软公开展示了一个全自动同声传译系统，可以自动将英文演讲者的内容通过语音识别、语言翻译、语音合成等技术生成中文语音。

快速发展阶段

快速发展阶段：深度学习模型不断迭代，AIGC取得了突破性进展，尤其是在2022年，算法获得了井喷式发展，底层技术的突破也使得AIGC商业落地成为可能。

在深度生成模型历史进程中，有两个主要的系列值得特别关注：生成式对抗网络（Generative Adversarial Network，GAN）和变分自动编码器（Variational Auto Encoder，VAE）。

在介绍各种理论知识前，我们先理解一个问题：机器究竟是如何生成出各种各样的图像的呢？

图像在计算机看来，其实就是一系列数字的组合。

对于计算机来说，图像中的每个像素点，实际上需要用3个数值来表示色彩，那就是RGB（图1-1-2）。

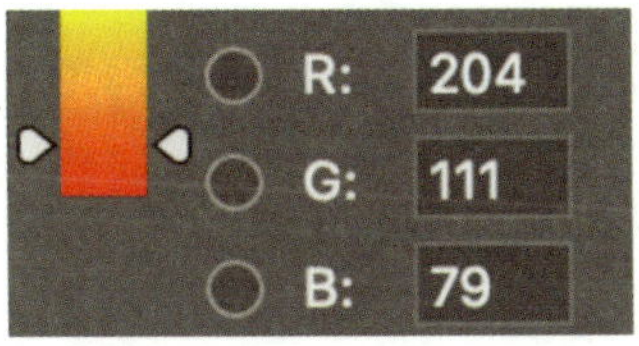

图1-1-2

我们可以通过一个更实际的案例来理解计算机是如何理解图像的。（图1-1-3）

图1-1-3

这里有一些金字塔相关的图像，每个图像都是16×16的彩色像素图，刚才我们已经知道，每个像素点需要3个数字来表示，那么表示一个16×16的像素图，就需要16×16×3，共768，这么多的数字。我们随机生成768个数字，它很难是准确的一个形象——数字选择的可能性太多了，最极端的如果每个点都是0，就是每个像素都是白色，就变成一张纯白的图像了。

768个数字的组合所构成的是一个768维的高维空间，这个空间里能表述非常多的图像，有可能是金字塔，有可能是物品，有可能是一片混乱什么都看不出来。空间中距离越近，图像就会越相似。

现在，假设我们有一种方法可以寻找到这个空间里哪些点更大概率是金字塔近似的图片，那么就可以生成质量很好的金字塔图像了。

这就是生成式对抗网络（GAN）、变分自动编码器（VAE）和扩散模型（Diffusion Model）等先进技术正在做的事情。

第二节

AIGC应用模型讲解

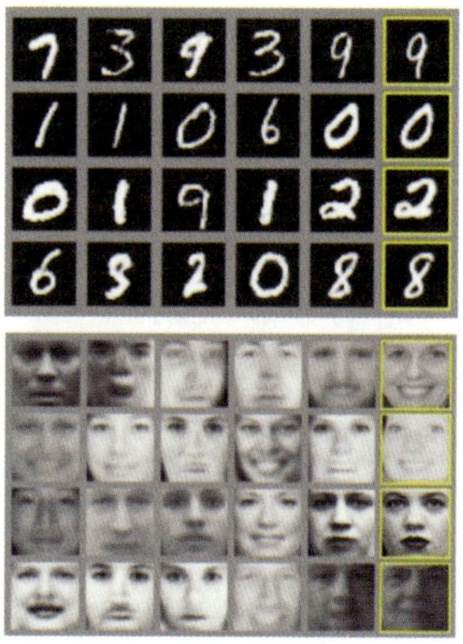

图1-2-1

该图引自Felipe Perez Stoppa的论文《用生成对抗网络生成专辑封面艺术图像》(*Album cover art image generation with Generative Adversarial Networks*)，图片许可协议为CC BY 4.0。

该论文提到Ian Goodfellow和合著者在论文《生成对抗网络》(*Generative Adversarial Networks*)中对GANs能力的说明。这是生成式对抗网络在两个数据集上训练后产生的样本：MNIST（手写数据集）和TFD（人脸数据集）。对于这两个数据集，最右边的一列包含了与直接相邻的生成样本最接近的真实数据。这表明，产生的数据是真正生成的，而不仅仅是由网络记忆的。

一、GAN模型及其图解原理

GAN模型的全称为生成式对抗网络（Generative Adversarial Network，GAN），于2014年由Ian Goodfellow提出。

在介绍GAN之前有一个关于GAN是怎样被发明的趣闻轶事。据伊恩·古德费洛（Ian Goodfellow）自己说：之前他一直在研究生成模型，可能是一时兴起，一天晚上他在酒吧喝酒，喝到尽兴时，他突然和朋友讨论起生成模型，并将当时的想法和酒友们打赌下注，但朋友们在酒桌上都不相信，他一气之下立刻从酒吧跑回实验室，用一晚上发明了GAN模型。

要理解GAN模型，首先要从生成和对抗两个词来理解：生成模型从根本上来说，它能创造出全新的、从未出现过的图像、音乐或任何种类的数据。这些模型不是单纯地复制已知的数据，而是学会了数据的基本模式和结构，然后用这些知识来创作全新的作品。（图1-2-1）

生成很好理解，但比较有意思的问题是对抗是什么呢？

举个例子：有两位艺术家组成了一个优秀的创作团队：一位是“伪造者”，另一位是“鉴赏家”。伪造者的目标是模仿并创造逼真的艺术作品，而鉴赏家则试图区分真正的艺术作品和伪造者创作的作品，并给出相对应的分数。（图1-2-2）

伪造者不断学习如何制作更加逼真的作品，而鉴赏家也在学习如何更好地区分真伪。这就像是一个持续的游戏，伪造者试图欺骗鉴赏家，而鉴赏家则试图不被欺骗。

随着时间的推移，伪造者变得越来越擅长创造逼真的艺术品，而鉴赏家也变得越来越擅长辨别真伪。

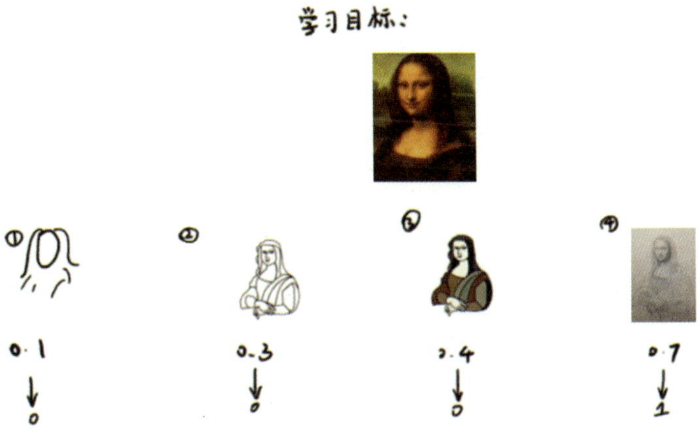

图1-2-2

这个简单的故事其实就包含了GAN模型的核心想法：“伪造者”作为一个不断产出画作的人好比一个生成器（Generator），而鉴赏家的不断区分和打分好比一个判别器（Discriminator），而GAN模型是由这两个模型组成的。

GAN模型自2014年提出以来得到广泛的研究。在过去的10年里，GAN的发明对计算机视觉和机器学习领域是一个重要的里程碑，开启了一个全新的领域。

在经历了蓬勃发展的阶段之后，GAN也进入了瓶颈期，这是对抗方法本身的问题。

图像领域中一些比较突出的问题有两个。

第一，GAN生成的结果缺乏广泛的多样性和创造力。

假设我们使用GAN生成小猫的图片，经过训练的判别器可以识别各种不同种类的小猫并生成图片；但是由于在训练过程中判别器的打分（它只将其与真实世界的小猫做对比），生成器很难生成驾驶车辆的小猫，因为这样的样本在判别器中并没有见过。

第二，GAN的训练过程很困难，成本很高。

GAN由生成器和判别器两个模型组成，同时训练两个模型往往需要很大的训练成本。

简单来说，GAN是一个模仿者，而不是天马行空的创作者。

二、VAE模型

在图像生成领域，除以GAN为代表的生成器和判别器模型之外，还存在另一种方法，即基于变分自编码器（Variational Autoencoder，VAE）的模型。

VAE是一种生成模型，但是内部结构与GAN完全不同。和GAN的生成器和判别器相比，VAE则是编码器（Encoder）和解码器（Decoder）。GAN和VAE的直观区别，如图1-2-3所示。

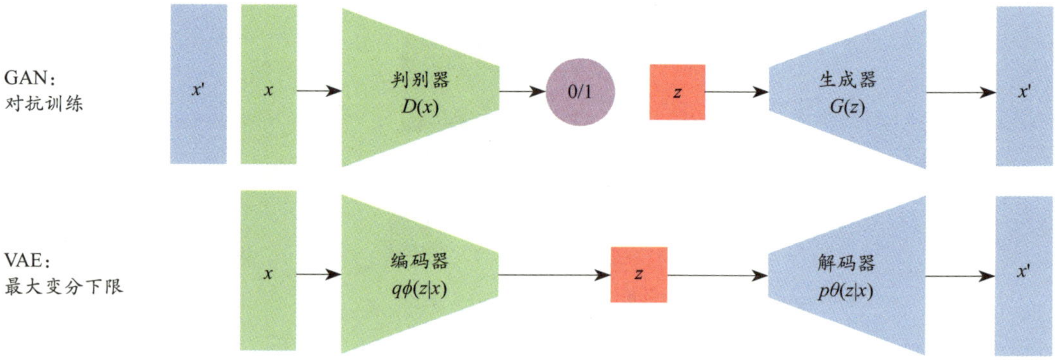

图1-2-3

该图引自Lilian Weng的博客文章《什么是扩散模型？》（*What are Diffusion Models?*），https://lilianweng.github.io/posts/2021-07-11-diffusion-models/

下面让我们用一个浅显易懂的例子来理解什么是编码器和解码器。

现在你拥有一本充满复杂故事和有详细描绘插图的书。你的任务是要把这本书的内容用尽可能少的文字总结出来，这就像是VAE中编码器的工作。编码器把这本详细的书（原始数据）转换成一个简短的摘要（潜在空间的表示）。这个摘要包含了书中的主要内容，但不可能包括所有的细节。

接下来，你的另一个任务是根据这个摘要重新讲述这个故事，尽量还原书中的内容。这就像是VAE中的解码器。解码器尝试从这个简短的摘要中重建整个故事。虽然重建出来的故事会非常接近原书，但由于摘要中丢失了一些细节，因此重建出来的故事可能在一些小地方与原书不完全相同。

VAE的目标是使这个摘要尽可能完美，以便重建出来的故事尽可能接近原书。在这个过程中，编码器和解码器通过学习如何更好地创建摘要和重建故事来不断进步。这就是VAE的魔力所在：它们能够在保留原始数据核心特征的同时，以更简洁的形式表示这些数据。编码和解码图解，如图1-2-4。

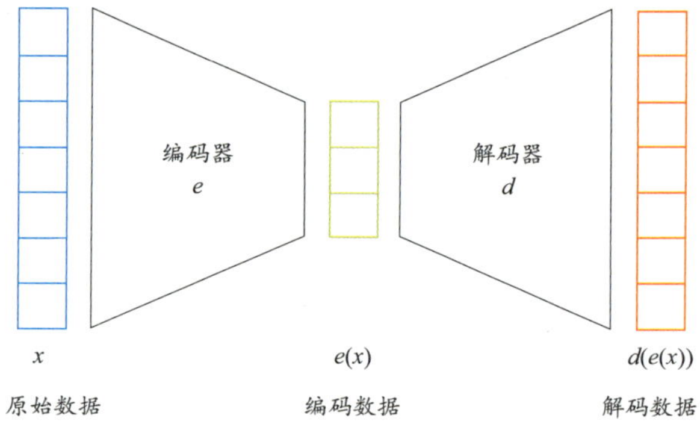

图1-2-4

这种编码解码模型实现了数据的降维。降维有以下几个优点。

1.数据压缩

编码器将原始数据压缩到潜在空间中，减小数据占用的存储空间，非常适用于存储大量数据。

2.特征提取

编码器可以将原始数据转换为潜在空间中的特征向量，这些特征向量可用于后续的机器学习任务，如分类、聚类等，以提高机器学习的效果。

3.去噪

如果原始数据存在噪声，编码器可以过滤噪声，生成更干净的数据。

然而，正如前文例子所言，根据摘要重建出来的故事和原书的会有细微的不同，我们要做的是尽可能仔细控制和调整摘要的准确程度，也就是必须仔细控制和调整潜在空间的维度和自动编码器的深度（定义压缩程度和质量），用来实现目标。

就算训练完成自动编码器，但它看上去与GAN的生成器结果并没有什么区别，在VAE中，我们需要做出一些改变：

让我们顺着前文书本摘要的例子来继续类比，便于大家更好地理解——现在，你是一位图书管理员，负责将一大堆不同类型的书（如小说、历史、科学等）分类并存放。你有一个特殊的机器（自动编码器），它可以将每本书的内容简化为一个摘要（潜在空间的表示），然后你可以根据这个摘要将这本书归类。最开始，你认为可以随便挑一个摘要，然后根据这个摘要去归类一本新书，但这个方法并不总是准确的，因为随机挑选的摘要可能无法正确反映书的内容。

这时，变分自编码器（VAE）就像是一个升级版的机器。

VAE的工作方式是：首先，它认为所有类型的书（如小说、历史、科学）都普遍遵循一定的规律，例如：大部分小说可能都有相似的叙事结构，历史书可能都有时间线的排序。对于每种特定类型的书（如小说），它们也有自己的特定规律。就算在不同的小说中，情节复杂度、角色数量等变化也遵循一定的规律。

当VAE理解和利用这些规律之后，在归类书籍的过程中，它不是随机挑选摘要的，而是根据这些规律来选择的。通过这种方式，VAE能够更准确地为新书生成摘要，并确保这些摘要能准确反映书的内容。

在训练过程中，VAE会不断比较它生成的书本摘要和真实书本的内容，看看它们是否接近。如果差异越小，就说明机器学得越好，越能生成准确反映书本内容的新摘要。

VAE走了和GAN完全不同的道路，在潜在空间中进行着训练，也得到了很不错的生成效果，通过VAE的脸像生成图，如图1-2-5所示。

但VAE也存在很多问题，因为训练VAE的方式都是根据已有的数据集来进行像素层面的对比的，如对一个数字图片“9”，现在有两种生成的结果（都只有一个像素的差异），可能对于人来说一眼就可以看出图1-2-5中（b）是一个较好的9的生成图，（c）并不是一个好的生成图。

（a）　　（b）　　（c）

图1-2-5

对于VAE来说，两者都是同样生成效果的图片。总体来说，VAE并没有学会如何生成，只是学会了模仿。

三、扩散模型

了解完GAN模型和VAE模型各自的原理及优缺点，我们自然可以感觉到这两者存在的共性，即：学习来源是广泛的事实依据，生成过程比较固定，生成结果的创造性不强。

为解决以上问题，这就轮到扩散模型登场了。

扩散模型启发点来自非平衡热力学，系统和环境之间有着物质和能量交换，如在一个盛水的容器中滴入一滴墨水，最终墨水会均匀地扩散到水中，但是如果扩散的每一步足够小，那么这一步就可逆。

而在图片中，如果把分子比作每次往图片上加的随机噪声，那么最终图片也将变成稳定的状态（就像墨汁滴入清水中，它最终一定会成为一杯混沌的水，那么在任何一张图片上不断地增加噪声，也会让其成为千篇一律的毫无特点的随机噪声图）。

目前所采用的扩散模型大多都来自2020年的三位加州大学伯克利分校的教授（Jonathan Ho等）的开创性工作：DDPM（Denoising Diffusion Probabilistic Models，基于噪声的随机扩散模型）。

这篇论文的工作大部分在于数学的严谨推导，但对于我们使用者来说，只需要理解扩散模型原理的两大过程：前向过程和反向过程（图1-2-6）。

前向过程（Forward Process）又称为扩散过程（Diffusion Process），就是在杯子中滴入墨水并扩散的过程，让一张图片随着不断增加噪声，最终变成一个完全随机的噪声图，这从图1-2-6也可以很直观地看出。

不管是什么类别的图片，最终都能变成纯粹的噪声图，这个过程本身就非常奇妙。例如，一只猫和一只狗或任何图片，都可以通过不同的增加噪声的方式，最后变成完全的噪声图。如果我们知道每次增加的噪声是什么，经过学习之后，是不是就可以反向从一张随

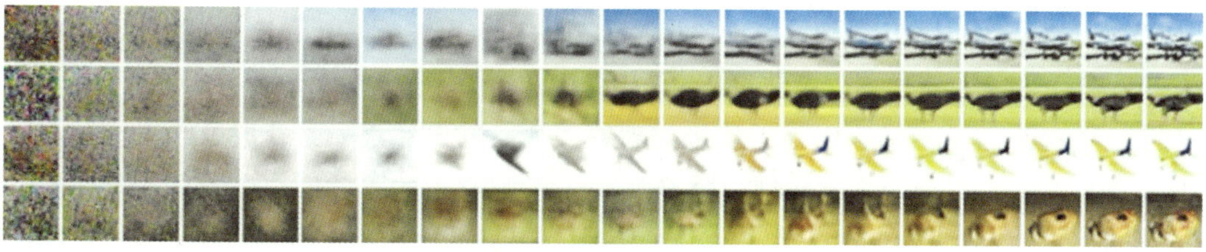

图1-2-6

该图引自Jonathan Ho、Ajay Jain和Pieter Abbeel的论文《去噪扩散概率模型》(*Denoising Diffusion Probabilistic Models*)

而这所描述的就是第二个过程——反向过程。反向过程(Backward Process)又称为推理过程(Inference Process),就是从一张噪点图开始,通过逐步去掉高斯噪声,逐渐还原出原始图片。

机的噪声图中,学会如何创造出任意一只猫或一只狗,或者是任何我们想要的图片?

经过验证也正是如此!

从噪声图到最终的生成图需要经过一步一步地去噪,这每步生成出噪声的过程就是采样(Sampling),而总共生成的次数就是采样步数(Sampling steps)。采样步数就是去除噪声的步骤数量。

一张模糊的图片,经过每步处理,都会使图片更清晰一点,步数越多,最终的图片就越清晰,但同时需要的时间和计算资源也越多。所以,我们需要根据情况选择合适的步数,找到清晰度和计算成本之间的平衡点。这就像调整望远镜的焦距的困境,我们既要看清楚远处的风景,又不想花太多时间去调整。

总之,扩散模型是一种生成式深度学习模型,也是现在最主流的图像生成模型的基础。例如,在DDPM中,具有一些关键的技术和方法,这些技术和方法共同作用使得DDPM可以生成高质量、多样性的图像样本。DDPM之后出现了一些基于逆扩散的改进工作,其中包括DDIM、Euler和Euler A等。

近些年扩散模型的效果显著,受到越来越多人的青睐,扩散模型取代了GAN模型在图像生成领域的绝对地位。除了上面介绍的各种方法,新的方法更是层出不穷。

有了这些思想,在实现最终AI生成梦想的过程中还存在着各种小组件,尽管这只是其中的一部分,却是实现AI绘画的关键,也是让人工智能技术落地到每个人生活工作设计应用的不可或缺的一部分。

四、U-Net模型

U-Net是一种常用于图像分割任务的卷积神经网络结构,由于其优秀的性能和良好的可解释性,已经成为图像分割领域的经典模型之一。

U-Net能够在保留图像细节信息的同时，快速、准确地进行图像分割。U-Net总体上是由一条收缩路径和一条扩展路径组成的。我们不需要知道太多其中的复杂结构，我们需要知道U-Net输入的是一张未处理的图片，输出的是一张处理过的图片。在后续的很多工作中，人们都已经把U-Net当作一个很有用的小模块，作为自己新模型必不可少的一部分，可以说U-Net已经是整个人工智能模型的一块不可或缺的拼图或积木。

五、ResNet模型

ResNet（残差网络）是一种由微软团队在2015年提出的深度卷积神经网络结构，用于解决深度神经网络中的梯度消失问题。

假设你正在攀登一座高山。你爬得越高，看到的风景应该越来越美——就像在传统的卷积神经网络中，网络越深，模型的准确率就应该越高。

但当山变得非常陡峭时，攀爬就会变得非常困难，这就像深层网络中的梯度消失问题，慢慢地模型训练也会变得困难。

而ResNet就像是在山上设置了一系列的小站，你可以在每个小站记录下此时你距离山顶的距离（差异），然后在下一段攀爬中，你将不再是从零开始，而是利用站点之间记录的距离差异来帮助你更好地继续攀登。这样，即使山很陡，你也可以更轻松地向上攀登，因为你总是知道自己距离目标还有多远，而不是盲目攀爬。

简单来说，ResNet通过关注你与目标之间的差异（而不是只关注最终目标），帮助你更有效地到达山顶。

简单来说，它通过学习输出与标准答案之间的差异来提高模型的准确率。通过这种方式，网络即使很深，它也能有效地继续学习，避免了梯度消失的问题。

ResNet被广泛应用于计算机视觉领域的各种任务，如图像分类、目标检测和图像分割等。与U-Net一样，ResNet的输入与输出同样是图片，所以也成为当下模型中经常出现的重要组成部分。

六、Transformer模型

Transformer模型是近年来在自然语言处理领域具有重大影响的革命性模型之一。它在2017年被提出，是Google Brain团队在论文中提出的一种基于自注意力机制（Self-attention）的序列到序列模型。

文章标题可以体现作者对其提出的理论的自信——模型所需要的仅仅是注意力！

让我们用更通俗的方式来介绍Transformer：假如你正在参加一个侦探游戏，游戏中的每个线索都像是一句话里的一个单词。在传统的解谜方法（类似于传统的神经网络）中，你可能只会关注每个线索本身，而不是它们之间的关系。在某些情况下，单独的线索可能不够明确，或者它们的意义会随着上下文的变化而变化，就像同一个单词在不同句子中可能有不同的意思。

这时，Transformer就像是一个超级侦探，它不仅关注每个线索（单词），还关注它们之间的关系。这就是所谓的"自注意力机制"。它让每个线索都与其他线索建立联系，理解它们是如何相互影响的。例如，"saw"这个词在不同的上下文中可能是"看见"或"锯子"，Transformer能够通过周围的线索（单词）来判断它在每个位置的真正含义。

同时，Transformer也考虑到每个线索出现的位置，这就像是给每个线索附加一个标签，表明它在整个事件中的位置。这种"位置编码"让Transformer更好地理解序列中的每个元素是如何随着时间或顺序而变化的。

正是这种关注每个元素及其上下文的能力，使得Transformer在各种任务上表现出色，如语言翻译、文本生成等。

特别是在2017年，Transformer的变种模型——GPT（Generative Pre-trained Transformer）在语言模型领域取得了巨大成功，引起了广泛的关注和研究。现在大家对此应该不陌生了，ChatGPT是GPT的另一个变种。

这种方法不仅适用于文本，就连把图片切成像素块处理也能取得惊人的效果，所以它被广泛应用于计算机视觉领域的图像描述、视频理解等任务中。（图1-2-7、图1-2-8）

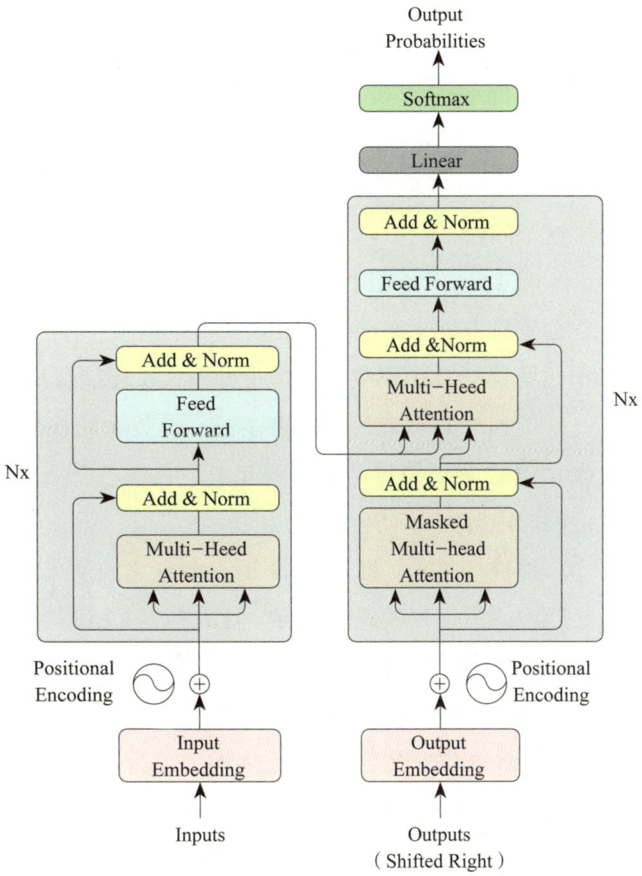

图1-2-7

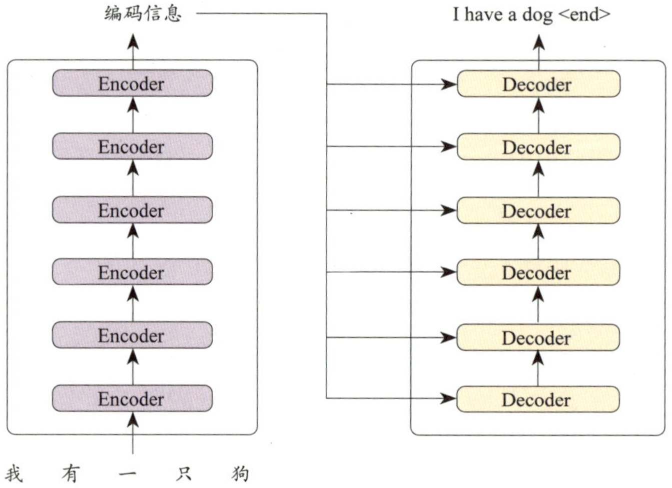

图1-2-8

Transformer模型用于中英文翻译的整体结构，引自Google Brain团队的论文《注意力是你所需的一切》（*Attention Is All You Need*）

七、CLIP模型

前面已经详述了生成模型的发展历史，然而2022年惊艳四座的文生图模型，最神奇的便是"言出法随"，不管输入怎样的文本内容，都可以生成符合文本内容的高质量图像。这又是怎么做到的呢？

随着自媒体的不断发展，各种各样的数据在网络世界中顺畅地流通，如图像、文本、语音、视频等，内容不断增长，创造了互联网上丰富多彩的世界。这些模态之间在计算机的理解中实际并不完全相同：文字、图像都处于不同的模态当中。（图1-2-9、图1-2-10）

OpenAI提出了CLIP（Contrastive Language-Image Pretraining）模型，就很好地解决了这个问题。

CLIP就像是图书馆里的一个超级助理，它能理解和翻译这两种不同的语言。首先，它会读每本书（文本编码器），理解故事的内容，然后又看每幅画（图像编码器），理解画中的场景。CLIP不仅能理解每种模式，还能找出书和画之间的联系。

例如，如果有一本书描述了一个美丽的花园，而图书馆里也有一幅描绘美丽花园的画，CLIP就能将这两者联系起来。它通过学习成千上万的书和画，学会了怎样匹配它们之间的内容。

更神奇的是，即使给CLIP一个它之前从未见过的画作或书籍，它也能准确地找出与之匹配的另一种模式的内容。这就像是CLIP能用它的超级翻译能力，即时翻译任何新的故事或画作，找出它们之间的对应关系。这就是所谓的零样本学习能力，它不需要额外的训练就能处理全新的内容。

OpenAI之所以开发出超强的人工智能绘画大模型DALLE，是因为CLIP在其中都发挥了很重要的作用。

这里我们不再详述CLIP的具体网络结构了，大家可以用上文的例子直观地感受即可。

简而言之，CLIP是一个用于跨模态检索的模型，是一座连接文字和图像这两个不同世界的桥梁。

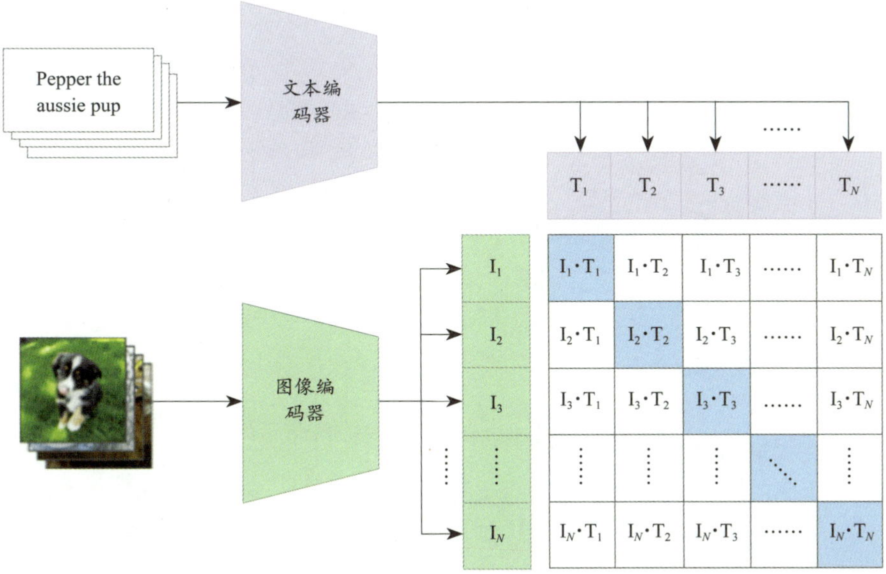

图1-2-9

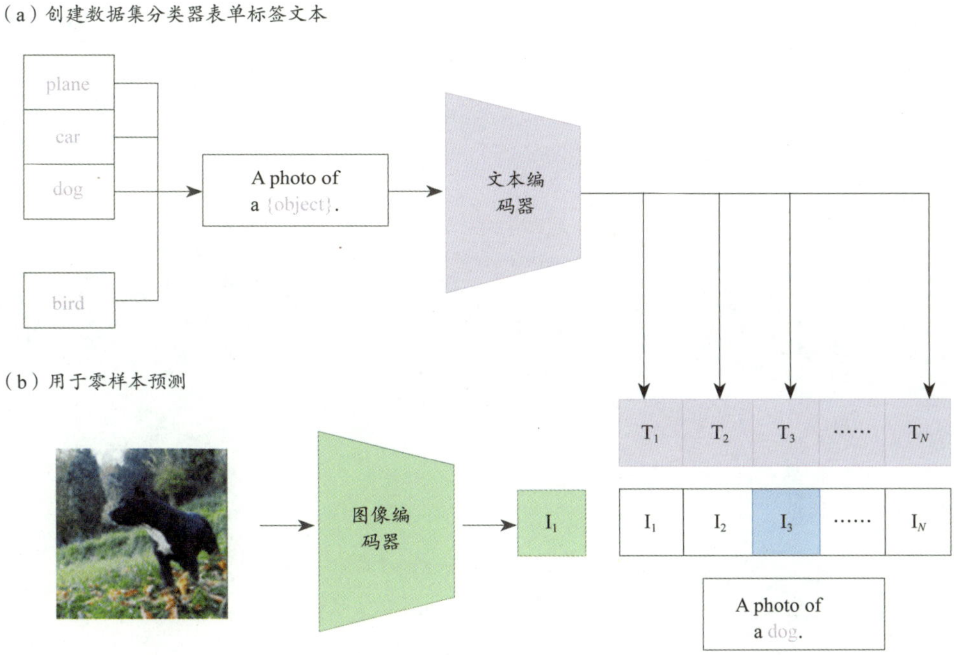

图1-2-10

该图引自Alec Radford等作者的论文《从自然语言监督中学习可迁移的视觉模型》（*Learning Transferable Visual Models From Natural Language Supervision*）

第二章

人工智能绘画
不同平台操作说明

AI绘画现在既可以作为辅助手段给设计师提供灵感参考，又可以让没有接受过美术教育的人体验到将想法画成图画的感觉。本章将讨论主流的AI绘画软件，介绍它们各自的特点，主要讲解T2I（文字生成图像）、I2I（图像生成图像）的基础操作以及Prompt（描述词）的使用规则。

第一节

Stable Diffusion WebUI（使用原生英文界面SD版本）

Stable Diffusion是2022年发布的一款以文本输入生成图像的潜在扩散模型，该模型还可用于其他任务，如文本引导的图像到图像的转换和放大。如果自己尝试安装，需要做麻烦的环境搭建工作，并且需要操作命令行来生成图像。

Stable Diffusion WebUI是由AUTOMATIC1111 开发并发布的，可以运行在Windows、Linux和使用Apple M1芯片以上的MacOS系统上的工具，它提供了GUI（Graphical User Interface图形用户界面），并集成了更多二次开发功能。

Stable Diffusion WebUI 特点

- 一键安装所需的依赖包并运行
- 在原本的WebUI基础上增加了很多实用的新功能
- 使用和更换模型更加方便
- 扩展插件多，管理简便
- 开源，持续更新

一、T2I（文字生成图像）

- Prompt（提示词）：用文字描述你想要生成的图像。
- Negative prompt（反向提示词）：用文字描述你不想在图像中出现的东西。
- Sampling method（采样器）：使用哪种采样方法生成图像。
- Sampling step（采样迭代步数）：修改去除噪声所用的步数。

  一般来说，使用的步数越多，获得的质量就越好，生成图像所需的时间就越多。太多的迭代步数可能适得其反，几乎不会有提高。通常25~30步的采样步数足以获得高质量的图像。（图2-1-1）

图2-1-1

• Restore faces（面部修复）：修复真人图片的面部问题。在设置中可以更换使用的模型：CodeFormer或GFPGAN。

• Tiling（平铺）：生成可用于平铺的图像。

• Hires. Fix（高清修复）：用较低的分辨率部分渲染图像，将其升级，然后以高分辨率添加细节。小图片的宽高比由Width和Height决定，大图片的尺寸由Upscale by和Resize决定：当宽度调整与高度调整都非零时，图像将至少放大到设定的尺寸，并且裁剪多余部分。只有一个为零或都为零时会按比例和缩放倍数调整。

• Batch count（生成批次）：要创建多少批生成。

• Batch size（每批数量）：在单个批次中生成多少图像，每批图像都是同时生成的，所以调整数量需要更高的显存。一次运行生成图像的数量为 Batch count * Batch size。

• Width 和 Height（宽度和高度）：图像的宽度和高度，以像素为单位。要增加这两个值，需要更多的显存，这个值必须是8的倍数。

• CFG Scale（无分类器引导指数）：调整图像看起来更接近提示或输入图像的程度。如果CFG Scale越大，输出将更符合输入提示或输入图像，但会失真。CFG Scale值越低，越有可能偏离提示或输入图像，产生更有创意的结果。CFG Scale应为

7~15。

- Seed（随机种子）：固定随机数生成器生成的值，控制种子生成可重现的图像和试验其他参数。在拥有相同参数（Sampling Step，CFG Scale，Prompt，Seed，Resolution 等）的情况下，生成的图像基本相同（如果使用了 xformers，会有变化）。
- Variations seed 和 Variation strength（差异随机种子和差异强度）：指定现有图像应更改多少看起来像一幅不同的图像。（图 2-1-2）

图2-1-2

- Seed resize（种子调整）：当更改分辨率时，图像会完全改变，即使保留所有其他参数（包括 Seed）也是如此。通过调整 Seed resize 并指定原始图像的分辨率后，即使分辨率不同也会生成与原始图像非常相似的东西，可以单击 Seed 旁边的“Extea”复选框找到此功能。

· X/Y/Z plot（XYZ图表）：创建具有不同参数的图像网格。X为行，Y为列，Z为批次维度。可以使用逗号分隔输入值，纯数字参数还可以使用范围：

①简单范围	②增量范围	③固定数量范围
1~4=1，2，3，4	1~10（+3）=1，4，7，10	1~9［5］=1，3，5，7，9
	10~1（−4）=10，6，2	1.2~1.4［3］=1.2，1.3，1.4

· Save style（保存样式）：将当前提示词写入样式集合保存到的styles.csv文件。提示词右侧的Styles框可以选择之前保存的任何样式，并自动附加到输入中。要删除一个样式，需要手动从根目录下的styles.csv文件中删除样式并重新启动程序。

二、I2I（图像生成图像）

· I2I（图像生成图像）：图像到图像是一种从输入图像和文本提示中生成新的图像的方法。输出图像将遵循输入图像的颜色和构图。

· Sketch（绘图）：可以在图像上绘制蒙版，这个功能会通过渲染整个图像为蒙版区域着色，这会生成全新的图像（它可以非常接近修改后的输入图像），可以用来修改颜色，增加或删除物体。（图2−1−3）

图2−1−3

· Inpaint（局部重绘）：可以在图像上绘制蒙版，重新渲染指定区域，不触及整个图像。（图2−1−4）

· Mask blur（蒙版模糊）：处理前要对蒙版进行多次的模糊，以像素为单位。

· Mask mode（蒙版模式）：选择是重新生成蒙版区域，还是重新生成蒙版之外的区域。

图2-1-4

- Masked content（蒙版内容）：在处理蒙版区域之前要在蒙版区域放置什么内容。
  ①fill：使用图像的大部分底色。
  ②original：继承原来的色彩分布，保持图像一致性（推荐使用）。
  ③latent noise：使用随机色彩点阵图。
- Inpaint area（重绘区域）：
  ①Whole picture：重新生成指定分辨率的图像并填充蒙版区域。
  ②Only masked：仅重新生成蒙版区域的大小，并在处理后粘贴回原始图像。
- Resize mode（缩放模式）：选择缩放模式。
- Just resize ：将图像调整为目标分辨率。除非高度和宽度完全匹配，否则图像会被挤压。
- Crop and resize：将图像按比例缩放，多余部分直接裁剪。
- Resize and fill：将图像按比例缩放，缺少部分使用图像颜色填充。
- Denoising strength（重绘幅度）：决定算法对图像内容的影响程度。设置为0时生成的图像什么都不会改变，设置为1时将生成不相关的图像。
- Outpainting（向外绘制）：扩展原始图像并修复创建的空白空间。在img2img最下方的Script中选择Outpainting使用。
- Pixels to expand：图像添加多少像素。
- Outpainting direction：向哪个方向添加像素。
- Loopback（回环）：在 img2img 中选择回环脚本可以自动将输出图像作为下一批的输入。相当于保存输出图像，并用它替换输入图像。批次计数设置控制迭代次数，可以在img2img最下方的script中找到并使用。

三、Prompt详解

根据图像推理过程，提示词放入的顺序可以视为优先级，在前面的 Prompt 锚定画面的主体内容。

1.权重

WebUI 权重语法为（prompt：num）或（prompt），对提示词使用括号“( )”会增加模型对所包含单词的权重，而中括号“[]”则会减少模型对所包含单词的权重。

（prompt）：将提示词权重提高1.1倍；

（prompt：1.3）：将提示词权重提高1.3倍；

（（prompt））：将提示词权重提高1.21（1.1 × 1.1）倍；

（prompt：0.5）：将提示词权重减少一半；

[prompt]：提示词权重减少到0.91倍（1/1.1倍）；

例如，cat，white color，Pencil drawing–cat，white color，（Pencil drawing：1.5）。（图2-1-5）

图2-1-5

2.组合

组合的关键词是大写字母AND，组合可以将多个提示词混合在一起，如a horse AND a cow。

可以同时使用权重，如a horse：1.3 AND a cow。

组合多个模型时使用权重效果很好。

3.打断

打断的关键词是大写字母BREAK。打断可以断开上下文之间的联系，如hot dog，hot BREAK dog（图2-1-6）。

图2-1-6

4.提示词交替

每隔一步交换的方便语法。

[cat|dog] in a house

第1步提示词是“房子里的猫”，第2步提示词是“房子里的狗”，第3步提示词是“房子里的猫”，依次类推。

[cat|dog|mouse|apple|banana|human] in a house 在第

- office building in a modern city
- office building in a modern city，top view
- office building in a modern city，night
- office building in a modern city，top view，night

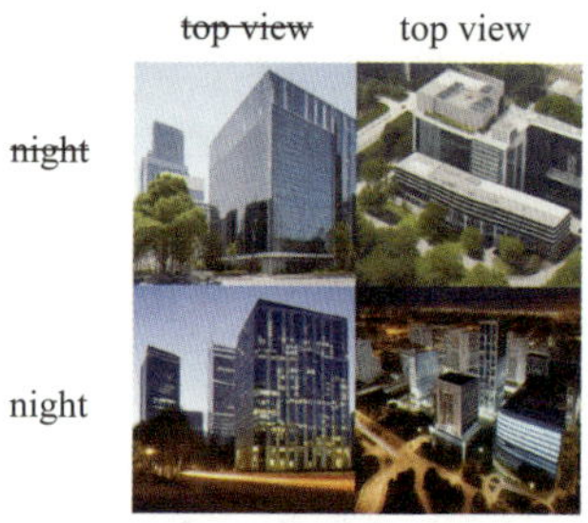

图2-1-7

6步，提示词从“人类”循环回到“猫”。

每步切换一个提示词（一步一换轮换渲染）。

5. Prompt matrix**矩阵**

使用|字符分隔多个提示词，系统将为它们的每个组合生成一个图像。例如，若使用office building in a modern city|top view|night，则可能有4种组合（始终保留提示词的第一部分）。

将按此顺序生成4个图像，所有图像都具有相同的种子，在txt2img底部的Script中找到Prompt matrix使用该功能。（图2-1-7）

6.Prompt Schedule

Prompt Schedule可以在生成图像的过程中添加、删除或转换Prompt。

以下例子A、B为提示词，N为迭代步数。

[A:B:N]：在第N步后，使用B提示词替换A提示词；

[A:N]：在N步后添加A提示词；

[B::N]：在N步后删除B提示词；

[red:blue:16]：从第16步后，使用blue提示词替换red提示词。

四、采样器对比

1. Euler a（图2-1-8）

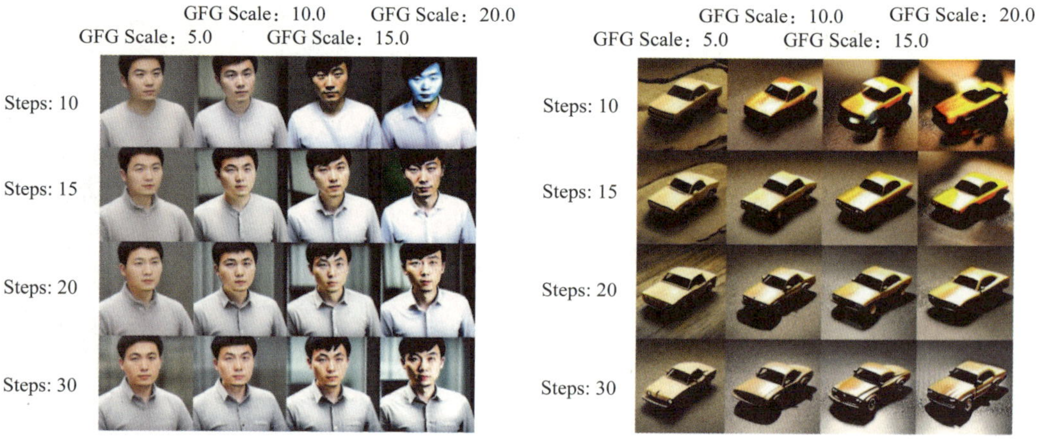

图2-1-8

2. Euler（图2-1-9）

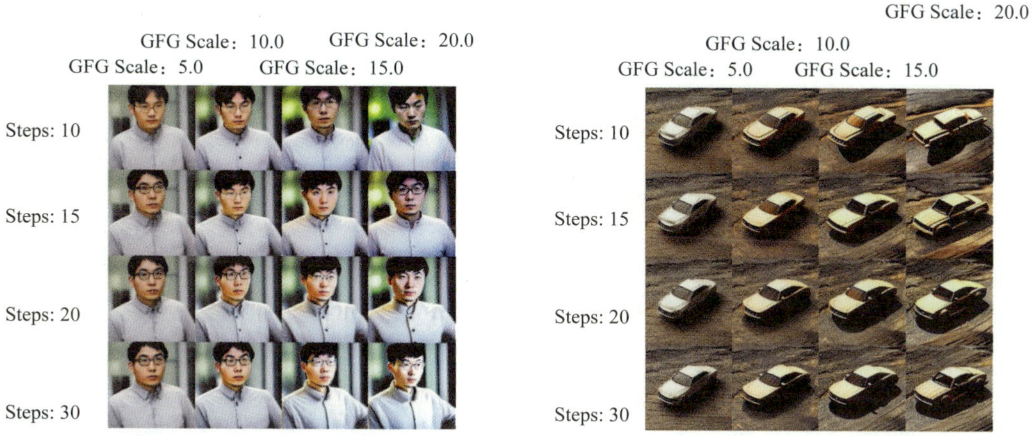

图2-1-9

3. DDIM（图2-1-10）

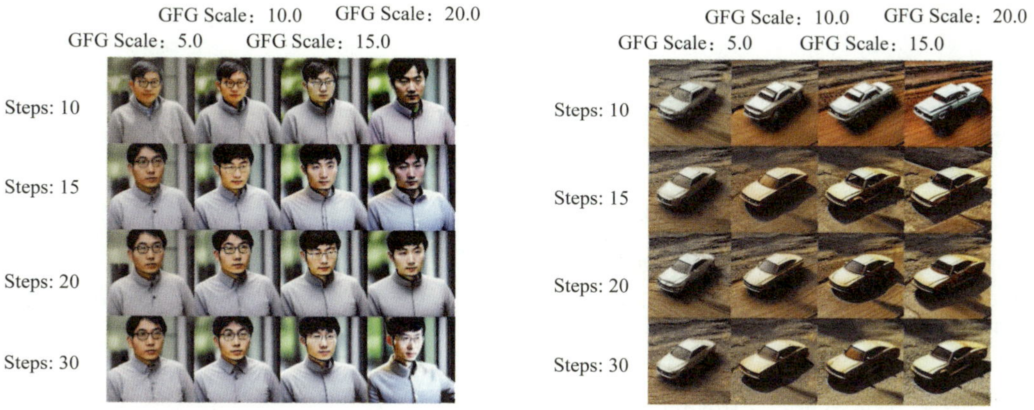

图2-1-10

4. DPM++2M Karras（图2-1-11）

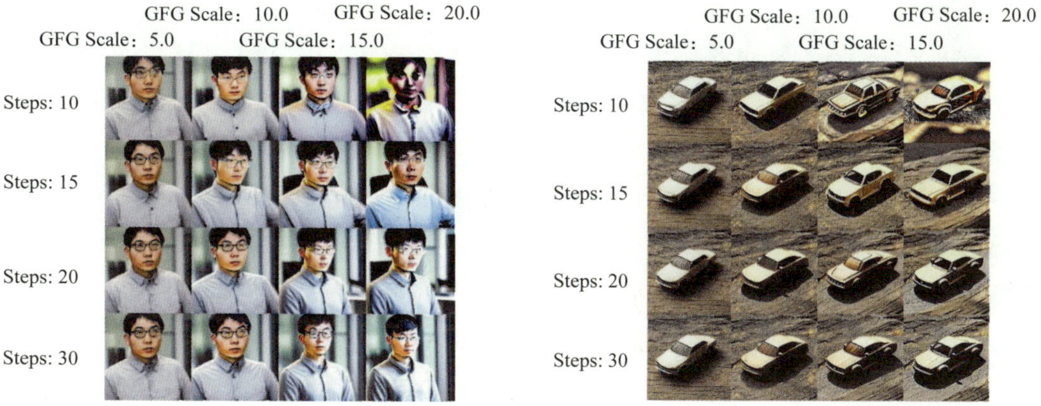

图2-1-11

5. DPM++ SDE Karras（图2-1-12）

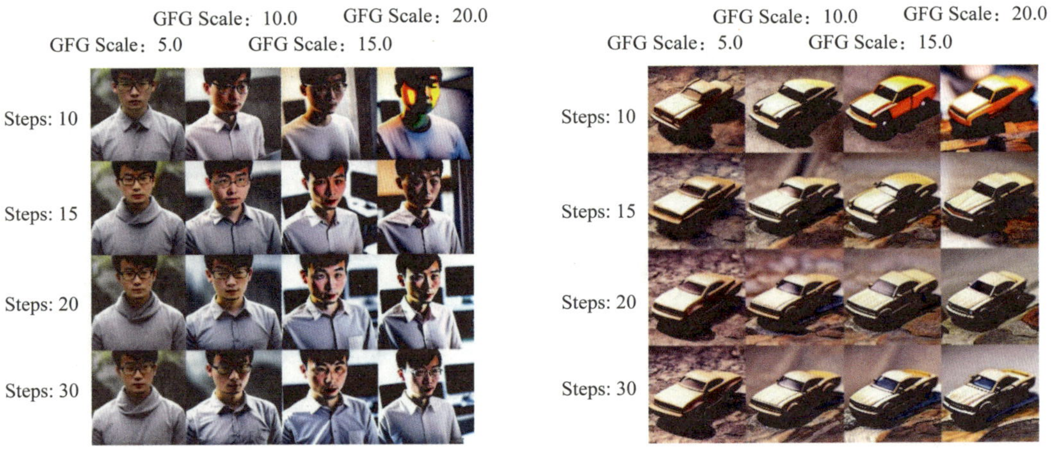

图2-1-12

五、模型

1. Checkpoint

Checkpoint 文件扩展名为“.ckpt 或 .safetensors”，文件大小一般在 2GB 以上。

将下载好的检查点模型放在 stable-diffusion-webui\models\Stable-diffusion 目录下，单击左上角 Stable Diffusion Checkpoint 右侧的“刷新”按钮后，选择想要使用的检查点文件，等待加载完成后就可以使用了。（图2-1-13）

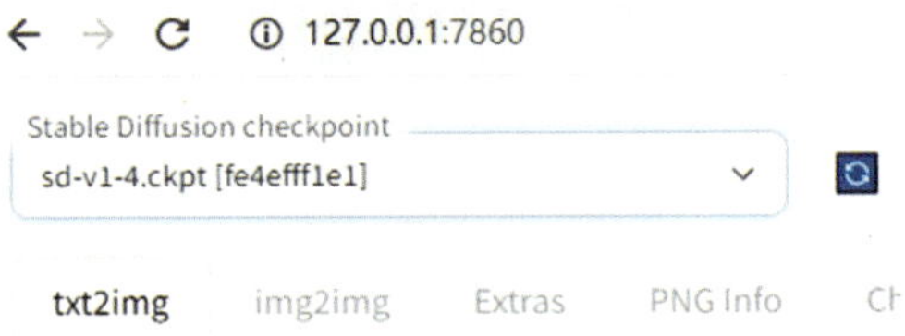

图2-1-13

2. VAE

VAE 文件扩展名为 .pt 或 .safetensors。文件大小一般在 1GB 以下。使用不同的 VAE 生成图像的色彩和细节会有差别。将下载好的 VAE 文件放在 stable-diffusion-webui\models\VAE 目录下。

可以在设置中将 VAE 文件替换模块显示在检查点文件旁边，在 Settings–User interface – Quicksettings list 中加入 sd_vae（注意参数间需要用逗号隔开），保存后重启 WebUI 就可以在左上角看到 VAE 文件替换模块了，自动模式下 webUI 会寻找和检查点文件同名的 VAE 文件。如果存在，那么在加载检查点文件时会自动加载对应的 VAE 文件，否则不会加载 VAE 文件。部分检查点模型本身已经包含了 VAE，这种情况下使用 VAE 文件会替换检查点模型中的 VAE。（图2-1-14）

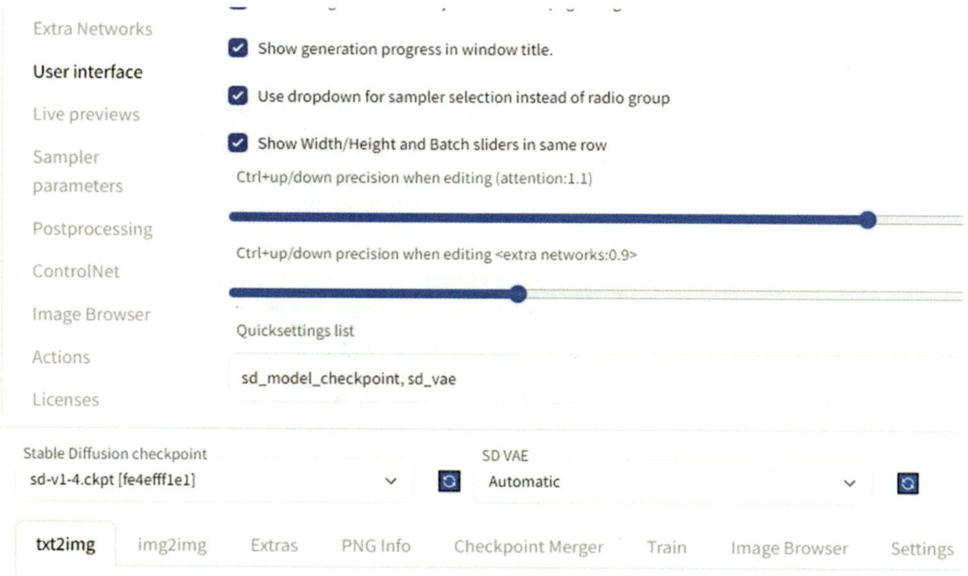

图2-1-14

3. Textual inversion

Textual inversion文件扩展名为.pt、.bin或.safetensors，文件大小一般在1MB以下。

将下载好的文本倒置模型放在stable-diffusion-webui\embeddings目录下，单击生成按钮下方的show extra networks中的“Textual Inversion”，然后单击要使用的模型就会在Prompt中自动填写使用，根据不同文件的说明在Prompt中设置好权重，可以同时使用多个Textual inversion文件。

4. Lora

Lora文件扩展名为.pt、.ckpt或.safetensors，文件大小一般为1~200MB。

将下载好的Lora模型放在stable-diffusion-webui\models\Lora目录下。单击生成按钮下方的show extra networks中的“Lora”，然后单击要使用的模型就会在Prompt中自动填写使用，根据不同文件的说明在Prompt中使用经过训练的关键字并设置好权重，可以同时使用多个Lora文件。

.safetensors文件是由huggingface推出的新的文件格式，只包含张量数据，加载速度更快，安全性高，无法添加恶意代码。

5. 模型预览图

模型库中的模型可以使用预览图，这样一眼就可以看出模型的特点，在使用模型生成图像后，可以打开模型库，选择生成好的图像，把鼠标移动到模型库上，会自动显示出Replace preview，单击就可以将生成的图像设置为预览图了，系统会自动将这个图像重命名为与模型一样的名字并保存在模型的旁边。（图2-1-15）

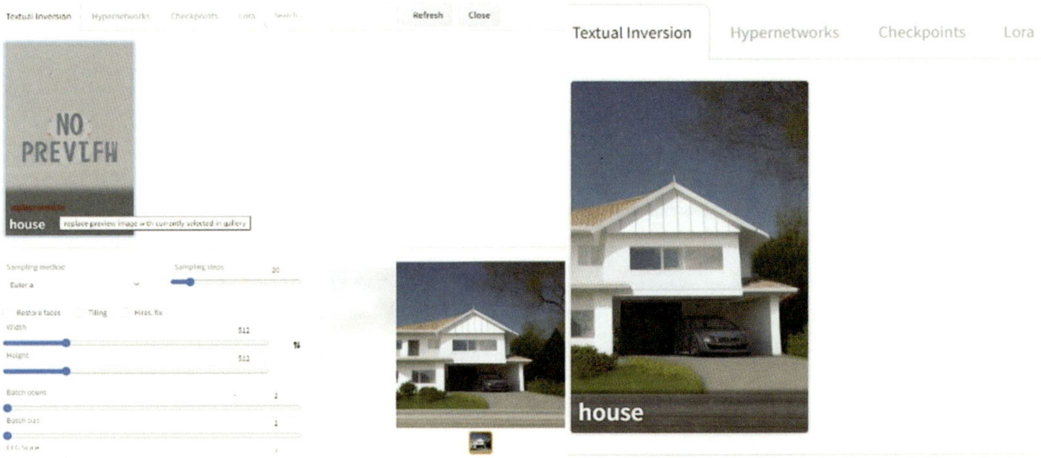

图2-1-15

六、其他功能

1. Extras

Extras页面下有一个超分辨率（Super-Resolution）功能，可以将低分辨率图像提高到高分辨率图像的大小，从而提高图像的清晰度。我们可以只选择一种升级器，也可以同时选择两种升级器，选择两种升级器时会分别执行两个升级然后合并结果。

2. PNG Info

Stable Diffusion WebUI生成的图像会将生成时的参数等信息写入元数据，WebUI将图像上传或拖入PNG Info中可以显示出生成图像时所用的提示词、反向提示词、采样迭代步数、采样器、CFG、随机种子、尺寸、模型哈希值和模型名称，也可以在设置中关闭保存参数数据。（图2-1-16）

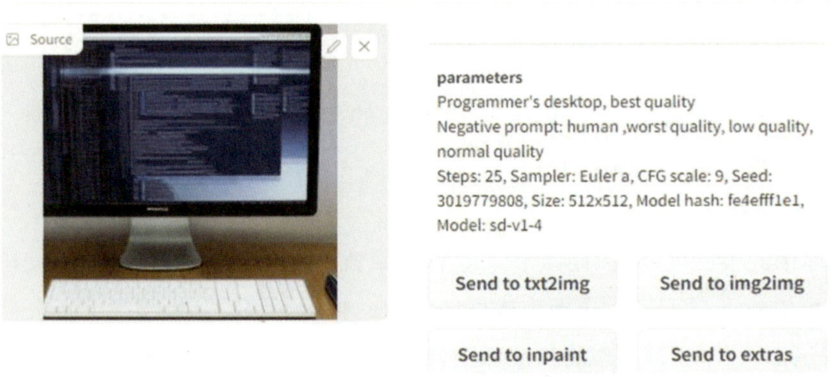

图2-1-16

3. Checkpoint Merger

模型给出的结果是基于它们所接受的训练，合并检查点可以混合多个模型的结果，有以下两种方式可以将多个模型添加到新的模型中。

（1）加权和（使用两个模型）计算公式：A *（Multiplier–1）+B * Multiplier。

（2）添加差异（使用3个模型）计算公式：A +（B–C）* Multiplier。

Checkpoint format可以选择生成的模型是使用ckpt格式还是safetensors格式。

4. Settings

可以更改WebUI和插件的设置，如更改存储路径、关闭元信息保存、更换VAE等。

5.Extensions

扩展功能可以一键安装其他人为WebUI开发或合并的功能，如ControlNet、Dream-booth等，这里有很多实用的工具，可以按需安装，扩展功能安装后需要重新启动WebUI，WebUI会自动下载依赖包并安装。

第二节

Midjourney

Midjourney是一个由位于美国加州旧金山的同名研究实验室开发的人工智能程序，可根据文本生成图像。

Midjourney优点

- 对很多知名艺术家、摄影师、服装设计师的风格支持度高，生成图像的艺术性和高级感是所有平台中最好的。
- 截至现在，测试关键词显示Midjourney至少可以模仿247位画家、206位插画师、190位摄影师、65位电影制作人、46位建筑师等更多流派。
- 图像提示功能强大，文本理解能力强。
- 通过Discord频道机器人使用。

Midjourney缺点

- 试用后收费，试用大约能生成25幅图像。

一、指令介绍

Midjourney需要向Midjourney Bot使用指令才可以工作，常用指令有以下几种。

1./imagine

使用提示生成图像，提示由提示词和参数构成。

2./blend

输入“/blend”命令后，可以快速上传 2~5 幅图像，然后查看每幅图像的概念和风格，并将它们合并成一幅新图像。要添加更多图像，需要选择options字段并选择image3、image4或image5。

混合图像的默认纵横比为 1∶1，使用可选dimensions字段在方形纵横比（1∶1）、纵向纵横比（2∶3）或横向纵横比（3∶2）之间进行选择，为了获得最佳效果应尽可能地上传与想要的结果具有相同宽高比的图像。

3./help

显示有关 Midjourney Bot 的有用基本信息和提示。

4./settings

查看和调整Midjourney Bot的设置。

设置用于作业的模型版本。

设置用于作业的质量参数。

设置用于作业的Upscacler 。

在公共模式和隐身模式之间切换。

切换remix模式

在Fast 和 Relaxed 模式之间切换。（图2-2-1）

图2-2-1

5./info

查看有关当前排队和正在运行的作业、订阅类型、续订日期等信息。

6./show

使用/show命令可以用唯一作业ID将作业移动到另一个服务器或通道，恢复丢失的作业或刷新旧作业以进行新的变化、升级或使用更新的参数和功能。

下面以作业ID为例进行讲解。

在浏览器中查看图像时，作业ID是URL的最后一部分。（图2-2-2）

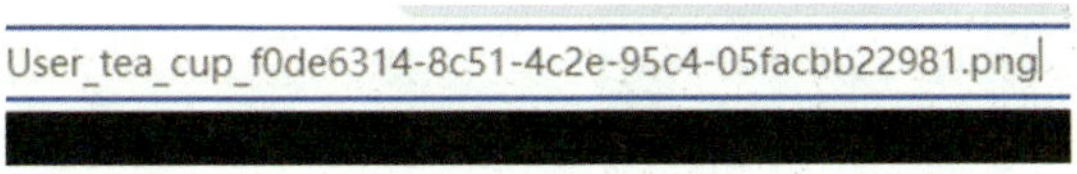

图2-2-2

查看从图库下载的图像时，作业ID是文件名的最后一部分。（图2-2-3）

图2-2-3

在discord上对生成的图像添加一个邮件反应。（图2-2-4）

使用“/show <Job ID #>”命令可以在任何Midjourney Bot中恢复作业。（图2-2-5）

图2-2-4

图2-2-5

二、Prompt详解

向Midjourney Bot输入指令+提示词+参数就可以生成图像了。

1.提示词权重

（1）多提示词：在提示词中添加双冒号“::”向Midjourney Bot表明它应考虑提示词的每个部分。

例如，dragon fly，dragon::fly。（图2-2-6）

图2-2-6

（2）提示词权重：当使用双冒号“::”将提示分成不同的部分时，可以在双冒号后添加一个数字，以分配提示的该部分的相对重要性。例如，vapour::1 teacup contains boiling water::1，vapour::3 teacup contains boiling water::1。（图2-2-7）

（3）负提示词权重：负提示词权重可添加到提示中以删除不需要的元素，所有权重的总和必须是正数。

图2-2-7

例如，red color::−0.5 sea::1。

2.参数

参数是可以添加到提示后的选项，它可以影响图像的生成结果。

（1）反向提示词：−no <prompt>，写出不想出现在图像中的东西，例如，−no plants会尝试从图像中移除植物。

（2）宽高比：−aspect <value>或−ar <value>，默认值为1∶1。我们可更改生成图像宽高比。宽高比通常表示为用英文冒号分隔的两个数字格式例如“7:4”或“4:3”。如表2−2−1所示，V5的宽高比不设限制，但大于2∶1的宽高比是实验性的，可能会产生不可预测的结果。

表2−2−1 不同的Midjourney版本模型具有不同的最大宽高比

版本	V5	V4	V3	Test	niji
宽高比	any	1:2至2:1	5:2至2:5	3:2至2:3	1:2至2:1

（3）多样性：−chaos <value：integer between 0–100>或−c <value：integer between 0–100>，默认值为0。较高的chaos值将产生更多不寻常和意想不到的结果和组合，较低的chaos值具有更可靠、可重复的结果。

（4）质量：−quality <value：..25、.5或1>或−q < value：..25、.5或1>，默认值为1。更改要花费多少时间渲染质量，更高的质量设置需要更长的时间来处理并产生更多的细节。值越高，成本越高；值越低，成本越低。

（5）stylize：−stylize <value：integer between 0−1000>，默认值为100。stylize值低的图像与提示词非常匹配，但艺术性较差。stylize值高，创建的图像非常具有艺术性，但与提示词的联系较少。

（6）种子：−seed <value：integer between 0–4294967295>或−sameseed <value：integer between 0–4294967295>。Midjourney Bot使用种子编号创建视觉噪声场，种子编号是为每个图像随机生成的。使用相同的种子编号和提示词将生成相似的图像。

（7）停止：−stop <value：integer between 10–100>，默认值为100。使用−stop参数在流程中途完成作业。以较早的百分比停止作业会产生更模糊、更不详细的结果。−stop 10（图2−2−8）、−stop 30（图2−2−9）、−stop 70（图2−2−10）、−stop 100（图2−2−11）。

（8）风格：−style <4a，4b或4c>在Midjourney模型版本4之间切换。Midjourney Model Version 4具有3种略有不同的“风格”，对模型的风格进行了细微调整。

图2-2-8

图2-2-9

图2-2-10

图2-2-11

（9）模型版本：–version <1，2，3，4，5>或–v <1，2，3，4，5>。选择模型版本，使用不同的模型生成图像。不同的模型擅长处理不同类型的图像。

目前最新的模型为Midjourney V5，它于2023年3月15日发布，该模型一致性（文本提示词与生成图像之间的连接强度）很高，擅长解释自然语言提示词，分辨率更高。

V4模型不同于以前的模型，它使用了全新的架构，擅长处理小细节和复杂的提示词，一致性很高，且在图像提示词方面表现出色。

以前的模型

- V3：中等的一致性。
- V2：富有创意、色彩缤纷，一致性低。
- V1：非常抽象的绘画，一致性低。

（10）Niji：–niji。该模型是 Midjourney 和Spellbrushniji之间的合作，经过调整可以制作动画和插图风格。该模型对动漫、动漫风格和动漫美学有更多的了解。一般来说，它在动态和动作镜头以及以角色为中心的构图方面表现出色。

（11）测试模型：它偶尔会临时发布新模型以供社区测试和反馈。目前有两种可用的测试模型：–test和–testp，它们可以与–creative参数结合使用以获得更多不同的成分。

三、图像提示

使用图像作为提示的一部分来影响作业的构图、风格和颜色。图像提示可以单独使用，也可以与文本提示一起使用。使用时，要将图像添加到提示中，需要输入或粘贴在线存储图像的地址。地址必须以.png、.gif或.jpg等扩展名结尾。添加图像地址后，再添加其他文本和参数，才能完成提示。

- 图像提示位于提示的前面。
- 提示必须有两幅以上图像，或一幅图像和附加文本才能工作。
- 图像 URL 必须指向在线图像的链接。
- 在大多数浏览器中，右击或长按图像并选择复制图像地址可获取 URL。

当想要使用的图像不是在线图像时，可以将图像上传到Discord上，单击输入框左侧的加号按钮，选择上传文件，选择图像或直接将图像拖入discord，然后发送消息，在浏览器中打开图像后复制图像的地址。（图2-2-12）

随后正常使用“/imagine”命令，在prompt框中粘贴图像的地址后，继续输入提示词与参数就可以使用图像提示来生成图像了。（图2-2-13）

图2-1-12

图2-2-13

四、放大、变种与重做

Midjourney Bot每次生成4幅图像后，可以使用每个图像网格下方的按钮创建图像的变种、放大或重新运行上一个Midjourney Bot操作。（图2-2-14）

- U按钮放大图像，生成更大的所选图像并添加细节。
- V按钮创建所选图像的变种，会生成与所选图像的整体风格和构图相似的新图像。
- 重做按钮重新运行作业。在这种情况下，它将重新运行原始提示，生成新的图像网格。

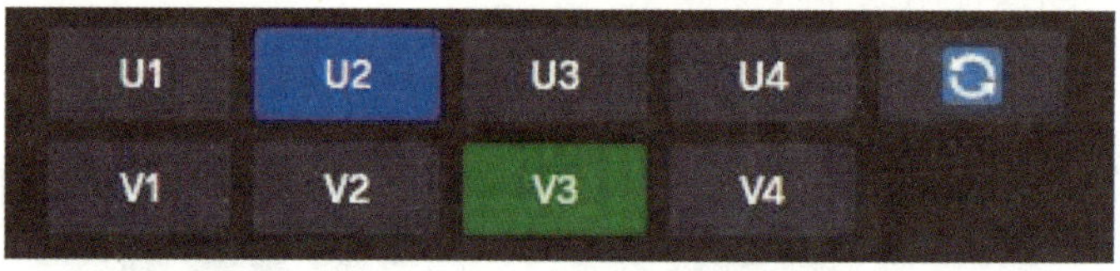

图2-2-14

1.Upscaler

Midjourney首先为每个作业生成一个低分辨率图像网格，然后在任何图像网格上使用Midjourney Upscaler来增加尺寸并添加更多细节，如表2-2-2所示。有多种Upscaler可用于放大图像。

Regular（Default）Upscaler：默认方式，在平滑或细化细节的同时增加了图像尺寸。一些小细节在初始图像和放大图像之间可能会发生变化。

Light Upscaler：创建一个1024px×1024px的图像并添加适量的细节和纹理，对面部和光滑表面很有用。使用-uplight参数更改U放大按钮的行为可以使用Light Upscaler。

Detailed Upscaler：创建一个1024px×1024px图像并向图像添加许多额外的细节。这只能在V1、V2、V3版本中使用。已使用详细放大器放大的图像可以使用Upscale to Max按钮再次放大，最终分辨率为1664px×1664px。

Beta Upscaler：创建一个2048px×2048px的图像，不要添加额外的细节。使用-up-beta参数更改U放大按钮的行为可以使用Beta Upscaler。

Anime Upscaler：它是Niji模型的默认方式。将图像放大到1024px×1024px，可以很好地使用插图和动漫风格。使用-upanime参数更改U放大按钮的行为可以使用Anime Upscaler。

表2-2-2　不同版本使用Upscaler后的分辨率　（单位：px）

	起始大小	V4 Default Upscaler	Detailed Upscaler	Light Upscaler	Beta Upscaler	Anime Upscaler
V4	512×512	1024 × 1024	1024×1024	1024×1024	2048×2048	1024×1024
V5	1024×1024	—	—	—	—	—
V1~V3	256×256	—	1024×1024	1024×1024	1024×1024	1024×1024
niji	512 × 512	1024×1024	1024×1024	1024×1024	2048×2048	1024×1024
test/testp	512×512	—	—	—	2048×2048	1024×1024

黄色标记为每个Midjourney版本模型的默认Upscaler。

V5模型初始就可生成分辨率1024px×1024px的图像网格，不需要继续放大。使用V5模型时，每个图像网格下方的U按钮会将所选图像与初始图像网格分开。

2.Remix

使用Remix模式更改变种的提示、参数、版本和纵横比。Remix将采用起始图像的一般构图，并将其用作新工作的一部分。重新混合可以帮助改变图像的照明、主题或实现棘手的构图。使用/prefer remix命令或/settings命令Remix Mode切换按钮激活混音模式。

Remix模式会更改图像网格下的变化按钮（V1、V2、V3、V4）的行为。启用Remix模式后，可以在每个变体期间编辑提示。（图2-2-15）

使用Remix模式时可以添加或删除参数，但必须使用有效的参数组合，对于V4可以更改宽高比、反向提示词和停止参数。

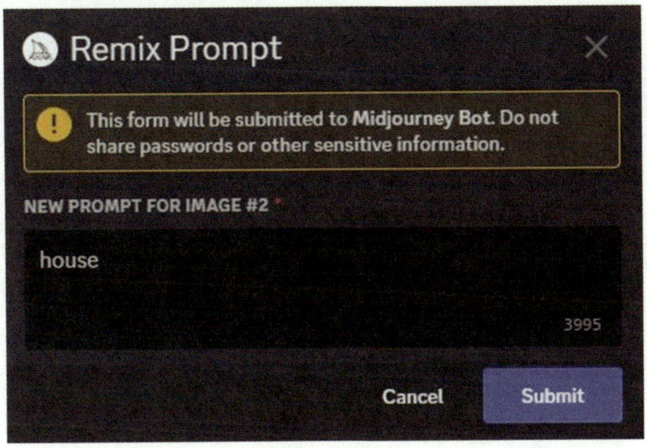

图2-2-15

使用Remix更改宽高比会拉伸图像，但它不会扩展画布、添加缺失的细节或修复不良裁剪。

niji·journey介绍

- niji·journey由Midjourney和Spellbrush共同设计开发的二次元插画生成AI。
- niji·journey学习了很多知名画师画风，艺术风格多样，动作畸形率低，少量提示词下表现力强，适合新手使用。
- niji·journey的使用方式与Midjourney相同。
- niji·journey可以使用中文、英文、日文和韩文来生成图像。
- niji·journey与Midjourney共用高级账户，也就是只要是一个平台的高级账户，在另一个平台也同样是高级账户。

第三节

Tiamat生成式人工智能

Tiamat是国内领先的生成式AI平台，2021年开始自研模型，在2022年3月推出第一版测试模型结果，是国内外最早入局AI图像领域的商业公司，Tiamat生成式人工智能平台聚集了大量中国优质的AI创作者及KOL，有着良好的社区氛围，对AI生成领域的发展有着不可或缺的贡献。

Tiamat特点

- 理解更多的国风元素与风格，更适配中国本土的商业与艺术创作风格，尤其是平面插图与概念场景类别，搭配AI评分模型，生成的图像在审美构图维度方面有较强优势。
- 全中文的输入，适配于小程序等国内大平台生态，使用方便快捷。
- 截至目前，新增了UGC模版上传版块，进一步加强了社区生态的建设，一键搜索同款等功能使Prompt的使用门槛急剧下降。
- 游戏化的货币系统，优质的生成作品可以替换相对应的生成次数。

· 对于专业创作者可调参数较少，更适合新手入门快速应用。
· 试用一定次数后收费，试用次数大约能生成20~50幅图像。

一、产品基础介绍

Tiamat的官方网站入口为www.tiamat.com，网站主要由几大版块组成，分别是首页、创作界面、模版中心、作品中心、订阅方案、用户指南。

1. 首页

首页主要分为活动版块、模版推荐、不同频道的社区图像，并按照时间与相关推荐算法排序。（图2-3-1）

模版由用户自行上传，内部编辑审核通过后进行推荐。社区图片的频道分类则是按照应用场景分类的，方便使用者快速寻找需求的内容，在产品的便捷度上，Tiamat做到了极致。

丰富社区体验的活动界面和核心社区的邀请界面也会滚动播放，便于用户体验游戏性的创作感受。

2. 创作界面

单击首页其中一个模版，可以跳转进入详情的展示界面，在展示界面中会写出相关

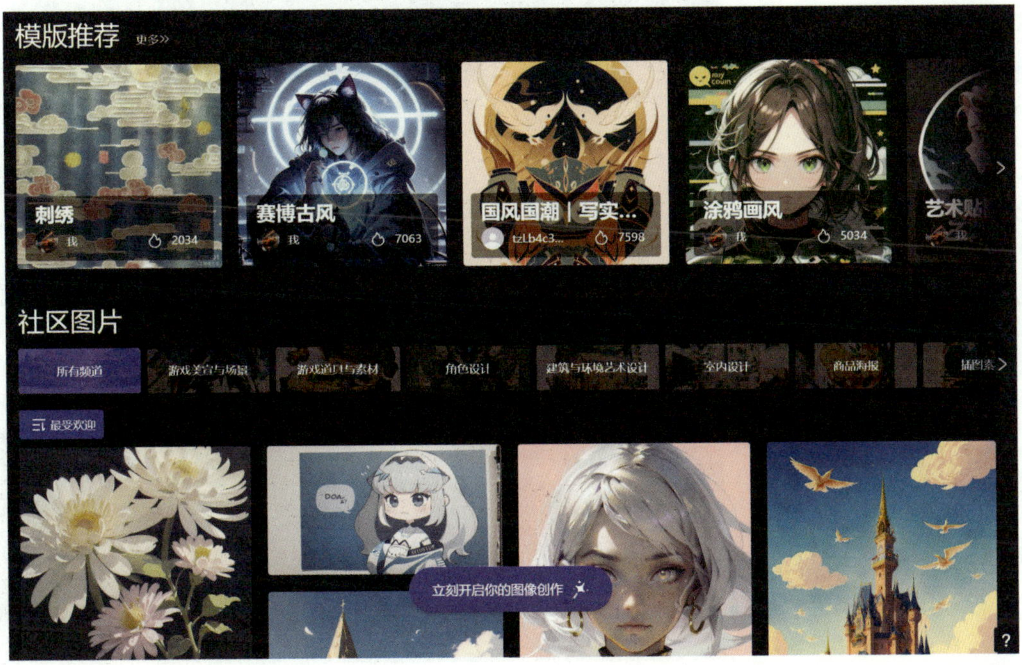

图2-3-1

的关键词、使用的模型、模型比例以及上传模版用户的分享介绍，支持一键试用，方便快捷。（图2-3-2）

单击“一键试用”按钮之后，会跳转至创作界面，创作界面分为左、中、右三栏，左侧是底层模型选择，分为“动漫”与“写实”，支持上传参考图以及图片尺寸选择功能。中间创作区“描述图片”文本输入框，可以添加“不要的元素”辅助画面修改。当然，在使用模版时，会自动填充相关关键词，在进行简单的修改后将会快速地达成极佳的效果。

右侧是模版推荐，支持搜索功能，可以快速找到想要的模版，无须反复跳转。（图2-3-3）

在“描述图片”输入文本框中，紫色框选内可编辑内容，可随意修改。（图2-3-4）

也可以选择切换“全部修改描述语”或“部分修改描述语”，

图2-3-2

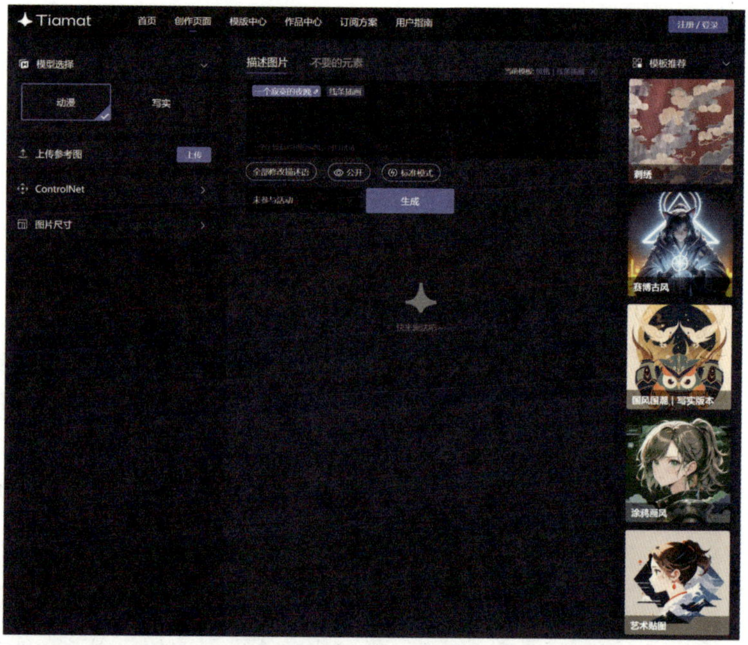

图2-3-3

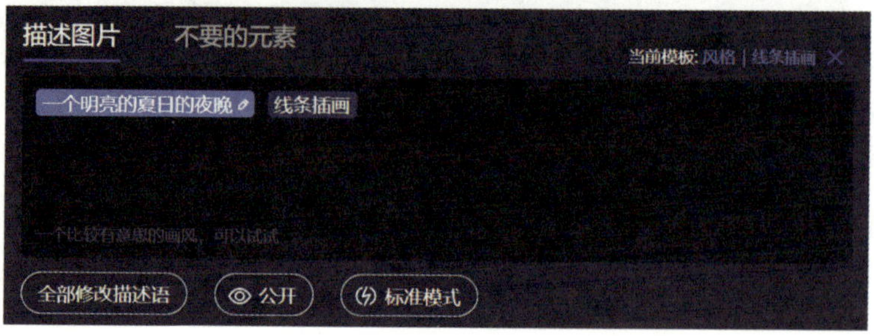

图2-3-4

图2-3-5

图2-3-6

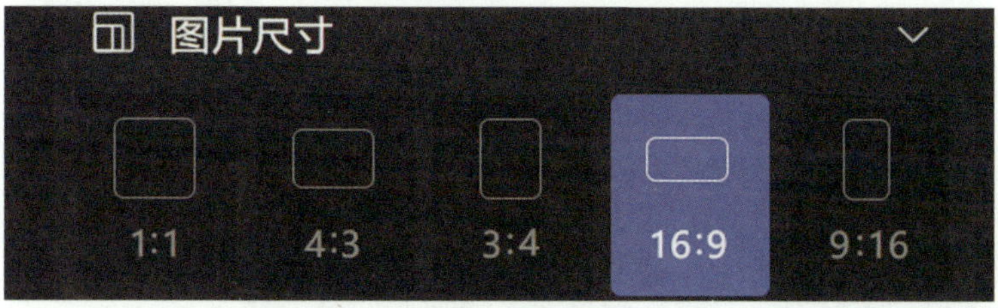

图2-3-7

图2-3-8

图2-3-9

按照自己的想法进行Prompt撰写。(图2-3-5)

生成时，Tiamat分为标准模式和快速模式，这与选择的订阅方案次数有关，快速模式在2秒内约生成4张高质量图像。(图2-3-6)

根据不同需求调节图片尺寸，提供常用的5类尺寸（1：1、4：3、3：4、16：9、9：16），如图2-3-7、图2-3-8所示。

单击放大其中一张满意的图片，可以进行收藏、再次生成图片内容、下载图片、复制图片描述，并记录与该图单相关的编号日期与尺寸。(图2-3-9) 也可以将图片作为参考图片重绘或用于ControlNet等高级功能中。同时，违禁图片的生成也支持立刻举报。(图2-3-10)

(1) 模版上传

可以将长段的、复杂的关键词作为模版整体上传，并自行选择公开哪些部分的关键词。模版被用户使用的频次，可以替换为创作者

的使用次数。（图2-3-11、图2-3-12）

（2）ControlNet

ControlNet是一种神经网络结构，通过添加额外的条件来控制扩散模型，Tiamat也引入了ControlNet类工作，在左侧的控制台中可以点选不同的ControlNet

图2-3-10

图2-3-11

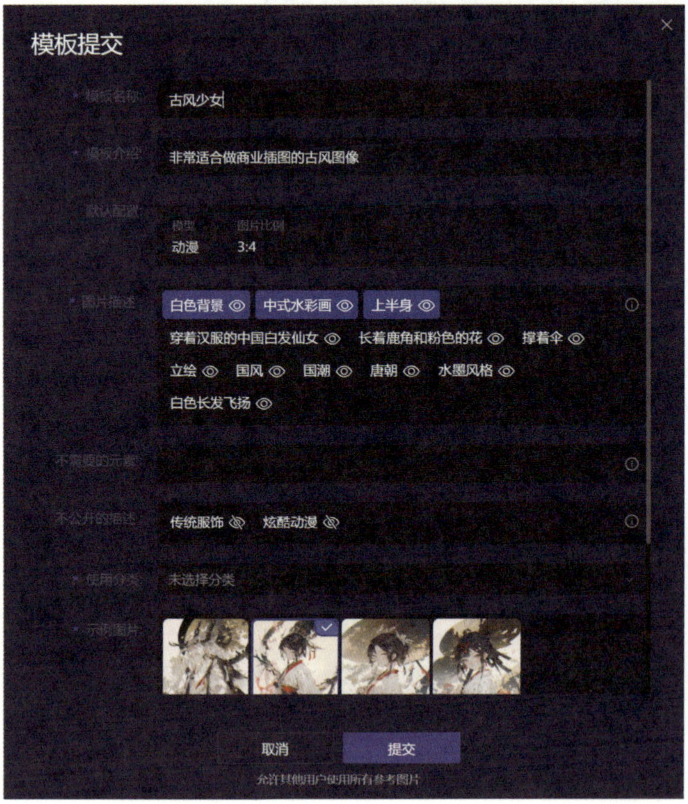

图2-3-12

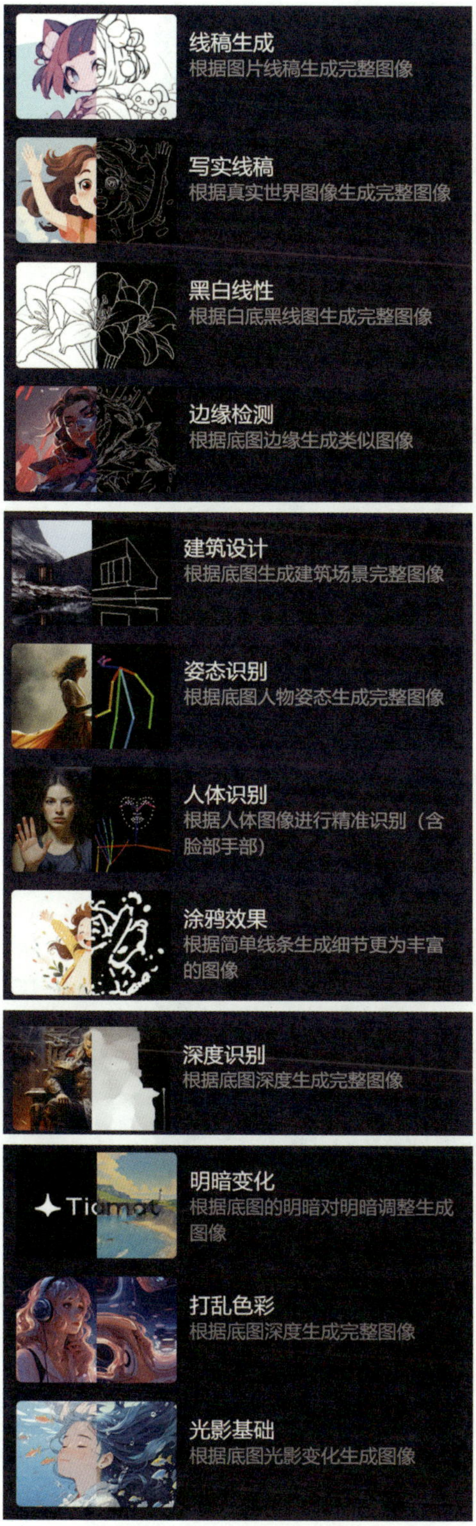

图2-3-13

类别，用于控制和引导图像的生成过程。在使用ControlNet时，需要先上传一张底图作为参考图。

产品中的ConrtolNet分为线稿生成（根据图片线稿生成完整图像）、写实线稿（根据真实世界的图像先提取线稿控制，再进一步生成基于此的完整图像）、黑白线性（根据黑白差分图像来生成完整图像）、边缘检测（严格根据图像的边缘检测来生成完整图像）、建筑设计（根据建筑品类做了相关控制优化后生成完整图像）、姿态识别（基于角色的姿态生成完整图像）、人体识别（在姿态识别的基础上进一步识别表情手势等并生成完整图像）、涂鸦效果（根据简单线条进行丰富的图像识别和联想并生成完整图像）、深度识别（根据图像的深度信息进行进一步的图像生成）、明暗变化（根据图像的明暗表征进行完整图像的生成）、打乱色彩（根据图像的RGB值进行图像控制并生成）、光影基础（根据底图的光影变化进行图像生成）。（图2-3-13）

上传图像后，调整参考权重会影响画面最终受控制的程度，Tiamat支持简易的手绘画板，支持用户直接编辑字体、简单涂鸦。同时，也支持双controlnet的两重控制，使生成的图像更加有创意，符合创作者需求。（图2-3-14、图2-3-15）

3. 模版中心

在模版中心中，集合Tiamat中所有通过审核的模版内容，都会由编辑推荐、热门推荐，以及按照使用方式分类划分；同时，模版支持近似模版推荐、搜索功能。（图2-3-16）

图2-3-14

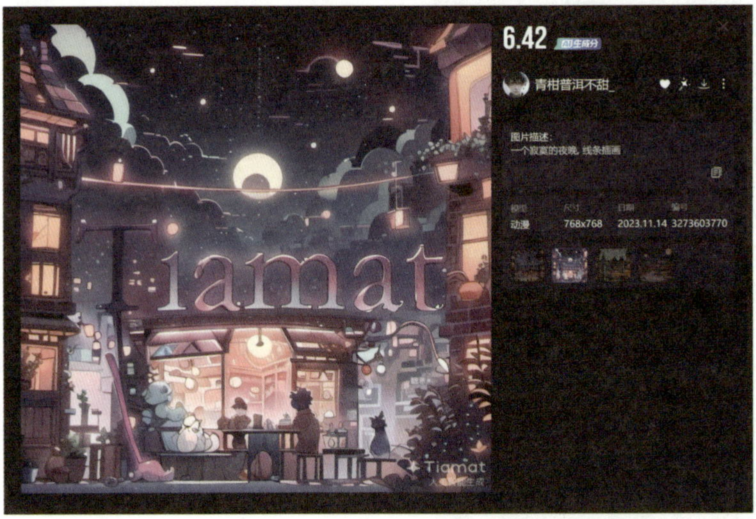

图2-3-15

4. 作品中心

作品中心以Prompt为聚类进行图像整合，支持提交模版、再次生成等功能，便于批量管理生成的图像与提交的模版。（图2-3-17）

编辑推荐
刺绣
赛博古风
国风国潮｜...
涂鸦画风
艺术贴图
华丽古风
平面插图
复古琉璃
风格｜线条...
京剧风格
中式平插
卡通中国风...
热门推荐
中世纪幻想建筑
多巴胺头像
潮流涂鸦
卡通中国风美女

图2-3-16

青柑普洱不甜_
作品 2204 自 2023-03-19
最新
生成
喜欢
图像管理
再次生成
青柑普洱不甜_
作品 2204 自 2023-03-19
最新
淡雅古风少女头像
人设立绘｜构图...

图2-3-17

二、AI评分

Tiamat特有的AI评分模块用于辅助提升描述与效果，生成结束后，会根据评分进行关键词推荐，帮助用户更准确地表达创意，以提高自己生成图像的审美数值。

三、描述指南

Tiamat可接收中英双语的描述语，其中，对中文概念的理解会更准确，在使用描述时，可以用五步进行基础描述语创作。

第一步，精简地描述创作主体。

这一步中，先确认创作主体，并尽可能地选用一些大众熟知的、简洁的词汇来描述它。例如，如果要创作一个现代化的商业建筑，那么“玻璃幕墙”和“钢结构”这类既简单又精准的词汇就可以快速清楚地表达，以此准确地提供外观简约、极具现代科技感的建筑图像。

第二步，使用形容词加强描述。

最基础的创作主体出现之后，就需要更多词汇来进一步描述设计理念，以提供出更详细的出图方向，例如，高耸、现代化、闪闪发光。此外，也可以善用一些有关颜色和材质的关键词，如创作的图像中有“墙”的话，就可以加入“镜面玻璃幕墙”“白色混凝土外墙”“不锈钢饰面”等针对面墙的关键词。

第三步，补充更多生动的细节。

确认创作主体之后，还需要进行其他细节的描述。例如，创作现代自然的城市公园，描述公园中有何种造型和高度的喷泉，或者是树木的品种和分布。

第四步，确认画面效果、画面呈现形式。

油画或摄影或者是其他的艺术表现形式？它应该有何种更进一步的特征，如：哪种油画风格、摄影的构图角度、渲染的效果等。这样创作就有了一个较为完整的创作方向和框架。

第五步，思考图像的应用或流行场景图像会应用在何种领域。

这种艺术形式在哪些地方比较流行，如是 artstation 还是 ins，这一步并不是必需的，但是会更好地表现画面效果。

在按照上面所说的步骤写好描述语之后，依旧需要通过不断地修改或根据创作结果反复调整描述语，直到完成为止。

第四节

其他平台简介

一、DALL·E 2

DALL·E 2是由 OpenAI 开发的 AI 绘画工具。用这款工具几分钟就能创建高度逼真的图像。OpenAI 称，该工具可用于创建插图、设计产品并为业务产生新想法。它生成的图像很精准也十分逼真，主要功能包括但不限于输入文字文本就能出图，另外输入文本还能实现抠图、替换图片中的元素。

DALL·E2特点

- 功能强大，画风模仿，图片延展和修改图片局部功能非常好用。
- 收费且价格略贵。

二、文心一格

文心一格特点

- 支持全中文输入。
- 可选4种模型：创艺、二次元、意象、具象。
- 只可以生成5种固定尺寸：1∶1、16∶9、9∶16、4∶3、3∶2。
- 不支持反向提示词.
- 收费

当下，人工智能绘画软件的发展方兴未艾，技术迭代非常快。在国内，有百度文心、TIAMAT等网页版，有无界AI等手机版，也有MewXAI等微信程序，这些不同形式的人工智能绘画软件都是不久前新推出的，且市场中还在不断涌现出各种版本的AI绘画软件。在国外，主流的AI绘画软件有Midjourney、Disco Diffusion、Stable Diffusion等，这些软件的功能相对而言更加强大一些。如果我们留意生活中的视觉画面，会发现AI艺术，人工智能绘画与设计已经悄悄走进了人们的生活。

然而人们在利用人工智能软件进行绘画与设计的过程中，往往会遇到一个思维转换的问题。在这个过程中，人们可能需要将3种思维方式进行相互转换，尝试将其融合、统一。这3种思维方式分别是艺术家擅长的视觉图像思维，计算机工程师的程序化、逻辑思维，以及非专业人员以文字描述画面时的抽象性思维。人们需要对这3种思维方式有更深入的了解，在人工智能绘画与设计创作中按照软件的功能及特性进行准确、巧妙地文字表述，最终生成符合预期效果的图像作品。

第三章

神奇的关键词——AI绘画的基本方法

用AI软件进行绘画与设计最基本也最直接的方式就是用关键词描绘想要得到的画面，如何使用关键词，选择哪些关键词，这些词之间的排列顺序，选用关键词有什么禁忌或偏好，以及有哪些容易出效果的、常用的高频关键词等，这些问题是我们应当首先了解清楚的。我们了解了关键词绘画创作的基本规律和应用技巧之后，就可以很快捷、方便地进行绘画创作或进行简单的平面设计了。

如果关键词使用得当，就可以发挥出神奇的力量，创作出非常绚丽的画面。例如，美国游戏设计师 Jason Allen 就凭借一幅 AI 绘画作品，在2022年8月获得了美国科罗拉多州博览会美术竞赛一等奖。《太空歌剧院》(*Théâtre D'opéra Spatial*)(图3-0-1)这幅作品参加的是允许任何数字技术参与的“数字艺术、数字修饰摄影”类别的比赛。作品署名除了Jason Allen本人的名字，还有 Midjourney 这款人工智能绘图软件的名字。作者介绍完成这幅作品耗时80多个小时，先后生成了900多个版本，最终才达到理想的效果。

图3-0-1

第一节

关键词与画面的逻辑关系

AI绘画创作的方式大大降低了绘画创作的门槛，即使没有绘画基础的大众也可以通过输入关键词、文字描述，生成一幅自己想要的绘画作品。以文字描述画面为思考线索，组织适当的关键词作为创作方式的方法是把握一幅作品所涵盖的几个关键方面的描述，基于一定的逻辑规律，用关键词阐述出来。组织恰当关键词的创作方法适用于美术基础较为薄弱的创作者，他们只要掌握这样一套思维方法就可以创作出能达到基本要求的绘画及设计作品。

在画面描述文字中，关键词主要包括主体物、风格、环境、光线、时间、氛围、色调、材质、光源、镜头、透视角度、清晰程度等。在AI绘画创作过程中，关键词不同的逻辑关系会生成风格迥异的画面效果，关键词的逻辑关系也决定了画面的表现风格和表现形式。

在AI绘画创作之前，我们首先选择一个主题。很多家庭都喜欢养宠物，其中养猫是很常见的。猫既可以陪伴人们，又可以缓解人们日常生活中的压力，因此不论男女老少都很喜欢猫。这里，就以“猫”为创作主题进行不同风格的AI插画创作分析。我们用AI软件创作不同表现风格、表现形式的猫，以此来研究关键词与绘画表现形式之间的逻辑关系，从中摸索规律，学习创作技巧。下面通过对以不同绘画风格的“猫”为主题创作的案例进行具体分析，说明用不同的AI绘画软件都可以达到类似效果。

图3-1-1

图3-1-2

图3-1-3

图3-1-4

一、扁平风格插画（Flat illustration）

关键词：cat，lying down，various plants，various colors，white background，travel illustration，simple design，graphic design，minimalist style Chao100（为了给读者AI绘画的感性认识，这里没有翻译中文）。

评述：这类扁平风格插画在运营和UI中较为常用，生成所需关键词不多，常与"旅游插画、简约造型、平面设计、极简风格"这类词搭配使用；除此之外，还可以加上chao值，使得引入的变量增大，也可以指定色系，与此同时，结合"垫图"功能生成的画面效果会更为和谐、丰富，深入创作的技巧会在后面内容中具体讲解。（图3-1-1、图3-1-2）

二、黑白风格插画（Black and White style illustration）

关键词：cats wearing sweaters walk on the streets of the city in black and white style，Yoji Shinkawa style，ink rendering.

评述：生成黑白风格的插画对Midjourney软件来说较为擅长；限定好黑白风格后，还可引入"新川洋司"和"墨水渲染"等关键词，使画面更具特色，也可以体现出特定艺术家的风格特征。这种绘画风格具有较强的画面张力，适用于漫画创作、插图绘制等，也可以继续加入其他关键词，更换或融入其他风格。（图3-1-3、图3-1-4）

三、复古风格插画（Retro style illustration）

关键词： a cat in a formal dress, with rich details, soft colors, cartoons, and a stylized feeling, integrated with screen printing and illustration design.

评述： 创作复古风格插画属于英式风格，对题材的宽容度较高，可加入较多元素同步进行生成。非常适用于设计复古风格的插画或海报，"卡通，风格化，丝网印刷，插图设计"这一系列的关键词还可以结合带有中国风的特定关键词来尝试生成民国时期海报的视觉效果。（图3-1-5、图3-1-6）

图3-1-5

图3-1-6

图3-1-7

图3-1-8

四、卡通风格插画（Cartoon style illustration）

关键词： the cat is drawing in the garden, with a white building in the background, hand drawn, simple, cartoon illustrations, and clean pastel.

评述： 卡通风格插画对题材的宽容度较高，非常适合做儿童插画或少儿绘本。如果在描述关键词基础上添加特定艺术家风格、名称，所生成的图像、画面风格会具有明显的倾向性，画面效果也能够更加贴近理想状态。（图3-1-7、图3-1-8）

五、CG风格插画（CG style illustration）

关键词： miss Cat picnics on the grass, many plants, bright sunlight, oil painting style, realism, movies, complete details, medium to long shots（MLS）.

评述： CG插画是Midjourney最擅长的风格之一。这种风格的插画原本是在油画基础上发展衍生而来的，所以想生成类似风格的画面，最好加上“油画风格、现实主义、电影风格”这类关键词。生成的画面风格较为具象，形象完整，层次丰富、光影感强烈，比平面化插画具有更强的视觉冲击力。（图3-1-9、图3-1-10）

图3-1-9

图3-1-10

图3-1-11

六、折纸、衍纸风格插画（Paper Quilling style illustration）

关键词：cats in the forest, flowers, multi-dimensional origami feather style illustrations, paper feather style.

评述：这种绘画风格相对比较小众化，画面层次丰富、意趣盎然；生成该风格的关键词在于："multi-dimensional origami quilling style illustration, paper quilling style"，具备了折纸风格的关键词后，AI绘画软件便可自动生成丰富多样、层次多变的效果。需要注意，创作题材应尽量选择比较简单的题材，结合以形态简明的植物、动物，效果更佳。（图3-1-11、图3-1-12）

图3-1-12

七、吉卜力风格插画（Ghibli style illustration）

关键词：cats，streets，trees，hand-painted，Hayao Miyazaki style，Chiyohiro anime movies，closeups，Japanese anime style.

评述：日本动画大师宫崎骏的吉卜力工作室画风典雅，画面唯美、亲切。这一创作风格较多地参考了宫崎骏的风格，同时也融入了一些英式古典画风。

关键词：手绘、宫崎骏风格、《千与千寻》动画电影、特写、日本动漫等都可以酌情加入，调节画面比例。需要注意，在尝试生成的过程中发现其对题材的限制较多，若非吉卜力工作室创作过的题材，生成效果并不理想。（图3-1-13、图3-1-14）

图3-1-13

图3-1-14

八、京都动画风格插画（Kyoto Animation style illustrations）

关键词：a girl with double ponytails and a school uniform，the cat in her backpack，with a beautiful garden in the background，planted with many vegetables and flowers，with rich details and high-quality Kyoto animation style.

评述：在创作中发现AI绘画创作对京都动画风格的生成范围较为有限，更加适用于日系二次元少女等表现题材，其他题材的画面表现效果很多不够理想。在京都动画风格的画面生成时切记要先切换到“setting”，选中“niji”模式，或者直接使用Niji·journey，然后在其风格下进行二次元主题创作，经过尝试、调整后，画面可以达到较为理想的效果。（图3-1-15、图3-1-16）

九、皮克斯风格插（Pixar style illustration）

图3-1-15

图3-1-16

关键词：Cat at the train station，wearing a top hat，green vintage train，close-up，Pixar style，film photography.

评述：“Pixar style，film photography”皮克斯风格与电影摄影这两个关键词的搭配能够产生1+1>2的效果，这种风格画面的生成较为宽泛，对题材的限制不强。关键词中搭配具体的光照效果和构图要求等，能够生成更加逼真、写实又不失精致的画面效果。这类风格的AI绘画作品在平面设计中应用较少，非常适合用于影视画面等叙事性绘画创作。（图3-1-17、图3-1-18）

图3-1-17

图3-1-18

十、3D建模风格插画（3D Modeling style illustration）

关键词：Cat Princess, exquisite hair, ultra high quality, front, white background, Maxon Cinema 4D, octane rendering, 3D characters.

评述：通过3D建模指令生成的立体风格画面，往往需要搭配部分描述渲染的关键词。例如，“Maxon Cinema 4D, octane 渲染，3D人物”等词语，同时还可以详细描述主体物的动作、站位、服饰、表情等画面中的具体内容。这一创作风格的优势是能够省去建模的时间，达到相差无几的视觉效果，在IP设计或角色设计中得到广泛的应用。（图3-1-19至图3-1-21）

图3-1-19

图3-1-20

图3-1-21

图3-1-22

图3-1-23

十一、中国传统水墨绘画风格插画（Traditional Chinese Ink painting style illustration）

关键词：Cat，soft lighting，watercolor，Koson style，traditional Chinese ink painting.

评述：目前，中国传统水墨画风格的表现形式对人工智能绘画软件而言，并不是很擅长，运用“soft illumination，watercolor，Ohara Koson style，Traditional Chinese Ink painting”这4个关键词进行搭配，能够较好地表现出中国传统水墨画的艺术效果与质感，也可以在这些关键词的基础上结合其他描述，共同模拟出中国传统水墨画古雅、细致的艺术韵味。（图3-1-22、图3-1-23）

十二、国潮风格插画（China-chic style illustration）

关键词：Cat，Kunqu，Victo Ngai style，Yuko Shimizu style，traditional Chinese ink painting.

评述：创作国潮风格的画面对题材的要求相对比较高，选择适合的艺术家风格关键词，对生成国潮风格的画面来说非常重要。加入如昆曲、京剧、景泰蓝、凤凰等常见的中国元素词汇进行描述，对画面的整体效果会有所提升，也可以探索其他表现国潮风格的关键词，配合在一起使用。在这幅例图中，由于参考的数据可能不完全是古代中国绘画，因此生成作品隐约含有日本绘画的韵味，这也是大多数欧美国家AI绘画工具的一个缺陷，对中国风格绘画的表现并不精准，常有风格混淆的情况发生。（图3-1-24）

图3-1-24

十三、摄影风格插画（Photorealistic style illustration）

关键词：a cat wearing sunglasses is driving on the road，with a forest background and realistic photos taken with Canon EOS R5，popular on Adobe Stock.

评述：摄影风格的画面效果追求视觉上的逼真，注重画面冲击力的表现，可以结合此风格表现一些超现实题材。如果主体换成人像或街景，可以生成与真实照片一样的视觉效果，可在画面描述语句中加上“真实感”，再叠加“相机镜头型号”等关键词。值得注意的是，如果需要生成风景摄影或动物摄影，还可以加上“国家地理”等关键词，此时数据运算所参考的图片可能更加具有针对性。（图3-1-25、图3-1-26）

图3-1-25

图3-1-26

十四、素描风格插画（Sketch style illustration）

关键词： Cats wearing top hats，churches，sketches，delicate brushstrokes，many details，high contrast.

评述： 创作素描风格的画面对题材大多没有任何限制，且画面效果都不错。这种表现风格在工业设计领域中可以发挥一定的作用。建议在操作过程中，可以先手绘草图，再借助垫图技术生成详细而精致的效果图，这样生成的作品用时快、质量高，艺术家和设计师的工作效率会大大提升。（图3-1-27、图3--1-28）

图3-1-27

图3-1-28

十五、水彩风格插画（Watercolor style illustration）

关键词： The cat is drawing in front of the table，with a window and a flower pot in the background，with high details，watercolor and ink illustrations.

评述： 水彩风格画面与素描风格一样，都是较大的绘画种类，在大的画种之下，还可以细分诸多具体画风。这里的关键词设置没有指定任何艺术家的风格作为辅助，只是单纯地使用水彩及墨水画的关键词，所以生成的画面效果中规中矩；如果在描述中搭配其他艺术家风格及插画关键词，就会生成更为丰富的画面效果。（图3-1-29、图3-1-30）

图3-1-29

图3-1-30

十六、油画风格插画（Oil painting style illustration）

关键词： The cat stands in the forest，carrying a backpack, with oil painting style, rich colors, and meticulous brushstrokes.

评述： Midjourney这款软件对油画风格的掌控较为熟练、稳定。作品的关键词中特意强调了笔触，所以画面中的笔触得到了加强，质感更为厚重。画面通过调整也可以达成极度精致的视觉效果。在实际使用时，画家按照自己的需求和喜好去增加相应的关键词，控制色彩、区分景别，添加画家独特风格，进而完成深度创作，营造出油彩表现更为细腻的画面效果。（图3-1-31、图3-1-32）

图3-1-31

图3-1-32

第二节

为画面注入创意之趣

同样是对“猫”的题材进行AI绘画创作，本节要为作品注入更多的创意，使画面具有更多内涵、更多趣味，从而体现出更多的原创性。这就要求我们在创作之初，确定关键词之前，进行更加深入的思考，对画面风格做出设定，对画面效果有明确的预期，组织和设计画面的表述语言，再通过关键词对画面细节进行具体而准确的阐释。最终生成的画面融入了艺术家独特的绘画风格、艺术思想，或者是为画面增添了新的情景内容，使画面具有更多的故事情节、场景意境。

首先尝试表现一只着装的小猫咪，并运用拉斐尔的油画风格进行表现，并对关键词进行整理：一幅油画，一只拟人的贵族白猫，穿着裙子，超级漂亮可爱的猫，水汪汪的大眼睛，长而美丽的皮毛，戴着巨大的钻石项链，头上戴着皇冠，美学，丝带，钻石，爱之箭，玻璃材质，水晶，美丽的纹理，丝绸背景，精致，高品质，清晰，8K，拉斐尔风格。

最简单的方法是可以通过翻译软件将主题关键词汉译英，即：

An oil painting, An anthropomorphic aristocratic white cat in a skirt，super beautiful and cute cat，big and watery eyes, long and beautiful fur, a huge diamond necklace and a crown on her head, aesthetic，silk belt，diamond, love arrow, glass material, crystal, beautiful，texture, silk background, exquisite, high quality, crispdetails, 8k, Raffaello Santi−ar 2:3−v 5.（图3−2−1、图3−2−2）

图3−2−1

图3−2−2

接下来我们要对画面增加一些场景，生成两只正在下国际象棋的猫咪，然后对主题词汉译英，得到 two cats playing chess，再将主体词输入“imagine”弹出的指令框中进行初步尝试。（图3-2-3）

图3-2-3

图像生成后，我们会发现仅用单一词汇生成的画面有些过于单调、写实，背景暗淡，缺乏趣味性，同时单一词汇指向的素材会比较局限，画面需要增加更多的原创内容。所以，我们尝试在这个关键词的基础上增加一些形容词进行具体描绘。希望正在下国际象棋的猫穿着礼服，风格更加拟人化，于是在指令框中输入“two cats in gowns playing chess”，随后生成如图3-2-4所示的效果。此时场景还不够明确，希望能够生成“在中世纪的古堡内，充满神秘氛围的环境”，补充关键词进行描述，用medieval background来限定场景，生成如图3-2-5所示的效果。

图3-2-4

这次得到了几幅形式各异、拟人化的猫咪在中世纪的古堡内对弈下棋的画面，作品皆充满了神秘感。再次考虑到目前画面并不鲜明的风格特征，我们仍不够满意。此时可以借助一些适合这一主题画面的艺术家的绘画风格，对人工智能进行引导和限定。中世纪暗黑风格、拟人的动物，使人们联想到了美国艺术家马克·莱登（Mark Ryden）。马克·莱登的绘画风格以可爱童稚与奇幻超灵著称，他的作品同时展现了“可爱童稚”和“古怪诡异”两种特质，独特的绘画风格模糊了高雅与流行艺术之间的传统界限，令人过目难忘。（图3-2-6、图3-2-7）

图3-2-5

图3-2-6

图3-2-7

马克·莱登曾经在上海举办过主题为“超灵动物”的画展，作品是充满灵性和暗黑风格的动物形象，表现风格独特、鲜明，与这次AI绘画创作设定的主题风格非常贴合，遂进行尝试。作品的最终关键词为two cats in gowns playing chess，medieval background，Mark Ryden-style。（图3-2-8）

图3-2-8

在创作过程中，我们如果此时希望强化马克·莱登的绘画风格在画面中所占的比例，可以直接在Mark Ryden-style后加上占比数，默认为1，之后可进行加大调整。例如，输入Mark Ryden-style::2，此时生成的画面效果会将艺术家的绘画风格表现得更为鲜明、强烈。（图3-2-9、图3-2-10）

退回到上一步，希望将作品的画质变得更为清晰，也就是增加画面的分辨率，可加入64k、smoothy、UHD等描述词。如果想提前设置作品的尺寸大小可以通过-ar n:m来设定，n是宽，m是长，自行设定数值，由此来控制画面的尺寸比例。这幅作品设置为-ar 16:6，AI绘画软件生成的画面整体呈正方形。（图3-2-11）

生成作品之后，对4幅作品中的第二幅较为满意，但仍可在此基础上进行细节调整，此时可单击“V”按钮，选择与之相对应的数字进行调整与修改。这样就可以在此基础上，再次生成4幅新图像。若其中有较为满意的图像，可单击“U”按钮，选择对应图像，进行细节完善与画面美化，等待几十秒钟后即可阅览完整作品。（图3-2-12）

这时，虽然对该作品的色彩模式、画面构图均较为满意，但是想在此基础上继续增加画面细节的改变，可使用“seed”口令，即生成图像后，

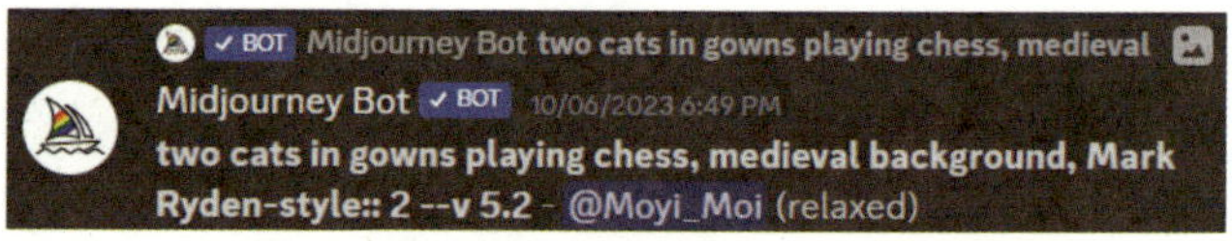

图3-2-9

图3-2-10

图3-2-11

图3-2-12

图3-2-13

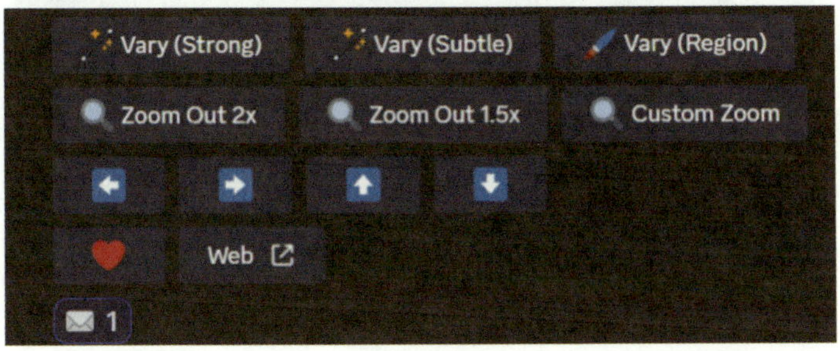

图3-2-14

在空白处右击，单击添加反应，输入“envelope”单击“信封”图标图3-2-13至图3-2-15。（注意是图中单纯的信封图标）

随后，图像左下方会出现一个信封标志和一个数字提示，单击会消失。此时Midjourney私信会弹出提醒，单击进入对话框，Midjourney Bot会发出一条包含该图像关键词、Job Id以及seed的信息。此时复制seed后面的数字再粘贴到新的关键词后，则会根据关键词的变化稍作改变、生成和这张图片非常相似的图像，其本质是以复制“seed”同样的绘图逻辑来生成图像。当创作者要获取同样风格，但是局部需要添加或减少其他元素进行图像生成时可以使用该命令。

复制作品的seed号码之后，可以加入额外想要补充的新元素，如占星、塔罗牌、宝石等，还可以添加一些光影效果，用以完善、协调整体画面，以达到预期构思。（描述词：Two cats in gowns playing chess, medieval background, Mark

Ryden-style, mysterious, tarot, astrologer, Asymmetric composition, gorgeous, 64k, smoothy, highly detailed-ar 16:16-seed 2730507033)。(图3-2-16)

这时，我们会发现AI绘画软件生成的每幅作品的seed号码都是很重要的。它就如同一个创作“密码”，如果没有这个密码，即便是输入了完全相同的关键词，AI绘画软件每次生成的作品也可能是大相径庭的。(图3-2-17)

图3-2-15

图3-2-16

图3-2-17

第三节

关键词的表现力

本节通过10个不同风格、不同题材的创作案例，帮助学习者建立起使用关键词描述在AI绘画软件中生成作品这一创作方法的基本思维逻辑，也让学习者将前面两节学习的内容进行整合，融会贯通，灵活应用到不同主题的实践训练中。

仔细体会、研究这10个案例中的关键词，我们会发现关键词对画面描述是有基本规律的。主体物、形容词、画面限定词，它们的排列、组合有一定的内在秩序，也有一些具有特定含义的符号，学习者通过实践训练完全可以在短时间内掌握这些AI绘画软件的使用技巧，从而发挥出关键词神奇且强大的表现力，创作出令人满意的作品。

一、创作案例1

英文关键词： Third person perspective，stereoscopic lighting，key lighting，a full length shot of a lovely American girl，happy，positive attitude，affectionate green big eyes，light hair，green clothes，8k，animation，chibi，kawaii，background HDR，portrait，full scene，hue purple and turquoise images，Bokeh，selective focus.（图2-3-1、图2-3-2）

中文关键词： 第三人称视角，立体照明，重点照明，一个可爱的美国小女孩的全长镜头，快乐、积极的态度，深情的绿色大眼睛，浅色的头发，绿色的衣服，8K，遛狗，动漫，卡哇伊，背景HDR，肖像，全场景，色调紫色和绿松石图像，散景选择性聚焦。

图3-3-1

图3-3-2

二、创作案例2

英文关键词： Beautiful woman，sunbathing on the beach，wearing a blue swimsuit，full body photo，beautiful and symmetrical body，fair skin，very natural and realistic，4 volume lighting photos taken by Hasselblad+incredible details，sharpening，details+professional lighting，photography lighting+85mm.（图3-3-3、图3-3-4）

中文关键词： 美女，在海滩上晒日光浴，穿着蓝色泳衣，全身照，美丽匀称的身体，皮肤白皙，非常自然和逼真，4张体积照明照片且能体现令人难以置信的细节，锐化，细节+专业照明，摄影照明+85mm。

图3-3-3

图3-3-4

三、创作案例3

英文关键词： Cool cartoon beauty girl Art Nouveau style，super cute，sweet smile，happy expression，cute and playful，dynamic posture，big watery eyes，strokes，painting，clear facial features，Yoji Shinkawa's art，watercolor painting，8k quality.（图3-3-5、图3-3-6）

中文关键词： 酷炫的卡通美少女新艺术风格，超级可爱，甜美的笑容，快乐的表情，可爱俏皮，动感的姿势，水汪汪的大眼睛，笔触，绘画，清晰的面部特征，新川洋司的艺术，水彩画，8K质量。

图3-3-5

图3-3-6

四、创作案例4

英文关键词：Beautiful and lovely Chinese girl, reading in the library, Disney Pixar style, 3D, high-definition, intricate illustrations with bright sunlight, complementary colors, soft light and shadow, natural light, intricate details, movie texture, clear focus, 64k.（图3-3-7、图3-3-8）

中文关键词：美丽可爱的中国女孩，在图书馆阅读，迪士尼皮克斯风格，3D，高清，复杂的插图，阳光明媚，色彩互补，光影柔和，自然光，复杂的细节，电影质感，清晰的焦点，64K。

图3-3-7

图3-3-8

五、创作案例5

英文关键词： Beautiful goddess sitting on the throne, full body, portrait style, realistic, rich in details, bright colors, natural light.（图3-3-9、图3-3-10）

中文关键词： 美丽的女神坐在宝座上，全身，肖像风格，逼真，细节丰富，色彩鲜艳，自然光。

图3-3-9

图3-3-10

六、创作案例6

图3-3-11

图3-3-12

英文关键词： A little girl wearing a red dress and her little dog, a house with grass, blue sky, and white fences, with a children's picture book style, cute, young, colorful, intricate details, childlike, with a Maxim color scheme and chalk brush.（图3-3-11、图3-3-12）

中文关键词： 一个穿着红色连衣裙的小女孩和她的小狗，一座有草、蓝天和白色栅栏的房子，带有儿童绘本风格，可爱、年轻、色彩丰富、细节复杂、童真，搭配马克西姆配色方案和粉笔刷。

七、创作案例7

英文关键词：A beautiful girl with green eyes, light hair, shining eyes, Cyberpunk style, created by oscara koha jugahara, loose style, painting style, acid wave, dynamic animation, high detail, intricate details, high resolution, 64k.（图3-3-13、图3-3-14）

中文关键词：一个美丽的女孩，绿色的眼睛，浅色的头发，闪闪发光的眼睛，赛博朋克风格，由Oscara Koha Jugahara创作，宽松风格，绘画风格，酸波，动态动画，高细节，复杂的细节，高分辨率，64K。

图3-3-13

图3-3-14

八、创作案例8

图3-3-15

图3-3-16

英文关键词： Multidimensional Paper Cuttings, Chinese illustration, Jiangnan gardens, pavilions, small bridges and flowing water, cyan, green, yellow, landscape, OC rendering, 3D, Blender, Pixar style.（图3-3-15、图3-3-16）

中文关键词： 多维剪纸，中国插画，江南园林，亭台楼阁，小桥流水，青色，绿色，黄色，风景，Octane渲染，3D，渲染器，皮克斯风格。

九、创作案例9

英文关键词： During the Tang Dynasty, with its brightly lit nights, temples, grand gatherings, watercolor style, mysterious, dreamy, intricate details, numerous details, natural light, conduit style, 64k, smooth.（图3-3-17、图3-3-18）

中文关键词： 在唐朝，灯火通明的夜晚，寺庙，盛大的集会，水彩风格，神秘，梦幻，复杂的细节，无数的细节，自然光，导管风格，64K，流畅。

图3-3-17

图3-3-18

十、创作案例10

图3-3-19

图3-3-20

英文关键词： Industrial design, a city square, white background, studio lighting, steampunk, inflatable, transparent, futuristic, cyberpunk, vinyl characters, drawings, assembly drawings, concept art, combination, octane rendering, fantasy engine, octane number drawing, building visualization/building rendering, transparent acrylic material model, surrealism, intricate details, 64k.（图3-3-19、图3-3-20）

中文关键词： 工业设计，城市广场，白色背景，工作室照明，蒸汽朋克，充气，透明，未来，赛博朋克，乙烯基，绘图，装配图，概念艺术，组合，octane渲染，幻想引擎，octane绘制，建筑可视化/建筑渲染，透明丙烯酸材料模型，超现实主义，复杂细节，64k。

第四节

关键词表述的基本公式

经过AI绘图软件大量的创作训练，这一节总结了一些不同风格画面常用的关键词使用规律，形成一个基本组合公式，以便初学者直接进行套用，快速生成较为满意的绘画与设计作品。同时，也可以由此举一反三，在人工智能绘画与设计的过程中逐渐积累经验，结合个人的创作风格、审美偏好，建立自己的关键词使用公式库。

一、生成IP角色造型（图3-4-1、图3-4-2）

公式：人物名（命名）+描述词（重要词和人物特征词）+设计风格+官方命令词。

举例：进击巨人（特定来源）贝尔托特（人物姓名）Q版形象（重要描述词），设计风格是迪士尼或皮克斯，且小巧可爱（描述）。

英文关键词：Attack on Titan，Bertolt Hoover，full body，isometric，3D，cute，Little adorable chibi graphics，disney pixar Style，cute mobile game style，Hyper Realistic，cinema lighting。

翻译：Attack on Titan（进击的巨人），名字：Bertolt Hoover，全身立体，等距，3D，

图3-4-1

图3-4-2

图3-4-3

可爱，小巧可爱的卡通图形，迪士尼/皮克斯风格，可爱的手机游戏风格，超现实主义，电影般的灯光。

二、生成3D效果画面（图3-4-3、图3-4-4）

公式：主体 + 描述词（重要描述词和物体特征描述词）+ 风格 + 灯光 + 官方命令词。

举例：我想要一个白色背景的（描述词）3D（风格）灯光柔和的（灯光）太空飞船（主体）（官方命令同上）。

英文关键词：spaceship isometric，3D，soft shadows，white background，soft lighting – v 5。

翻译：太空飞船，等距离3D设计，柔和阴影，白色背景，灯光柔和，当前V5版本。

图3-4-4

三、生成插画风格画面（图3-4-5、图3-4-6）

公式：主题描述词语 + 风格（风格名称或画家）+ 描述+颜色灯光 + 官方命令。

举例：骑电动车的小女孩（主题）+ 美丽的宫崎骏动画场景（画家风格）+ 东京的雪景城市，巨大的宫崎骏云朵在蓝色的天空中飘荡（描述），迷人的雪景东京城市，有着刺眼的阳光（灯光），宫崎骏的风景画面（特定的风格颜色），日本艺术（风格）。-ar 16:9（比例）。

英文关键词：The little girl riding an electric bike, in a beautiful anime scene by Hayao Miyazaki: a snowy Tokyo city with massive Miyazaki clouds floating in the blue sky, enchanting snowscapes of the city with bright sunlight, Miyazaki's landscape imagery, Japanese art -ar 16:9。

图3-4-5

图3-4-6

翻译：骑电动车的小女孩，美丽的宫崎骏动画场景：东京的雪景城市，巨大的宫崎骏云朵在蓝色的天空中飘荡，迷人的雪景东京城市，有着刺眼的阳光，宫崎骏的风景画面，日本艺术。

第五节

万能魔法词

通过前面章节对AI绘画软件的学习，我们可以掌握关键词的基本使用方法，接下来还可以继续探索一些“万能魔法词汇”。这些能产生特殊画面效果、具有强大功能的关键词，可以给画面带来意想不到的艺术效果。尝试万能魔法词汇需要循序渐进地叠加效果，要一步步地加入、调整关键词，才能清晰地观察到每个魔法词汇带来的微妙、神奇的艺术效果。

一、魔法词汇在mid 5模式下的写实效果分析

用AI绘画软件创作之初，先确定一个核心人物作为画面主体。因为目前西方的AI绘画软件功能更为强大，且这些AI绘画软件更擅长生成具有西方特色和元素的画面，所以这里我们将创作主题也设定为更能突出魔法词汇特效的画面场景，以便生成的画面效果更为直观，便于理解。将画面设定为“一位穿着白色衣服的女孩”，动作设定为“双手合十在祈祷”。输入“A girl wearing white clothes is praying with her hands folded together”，在setting中设置mid 5模式，生成基础图，如图3-5-1所示，在全新的写实模式下，人物形象自然和谐，轮廓清晰，默认为自然光效果，人物的发丝、衣褶反映出柔和且较为模糊的光影变化。

图3-5-1

随后，以图3-5-1的动作、神态及构

图为基础，展开魔法词汇的逐步叠加。在这里使用的关键词“A girl wearing white clothes is praying with her hands folded together”的基础上，继续输入“shiny，water reflective”这两个魔法词汇进行画面生成。此时可以清楚地看到，生成的画面与此前基础图相比，光感更加强烈，物体的光泽度也越发明显，尤其是在主体人物的头发及双手、服饰上的光影、轮廓均得到了明显强化，凸显发丝、绸缎和少女肌肤的质感，更拉开了画面层次感，增强了画面整体表现力，使画面的艺术效果得以提升。

图3-5-2

AI绘画生成图3-5-2以后，使画面能够在光感强烈的同时，加入一些华丽、闪亮的氛围感，营造出一种巴洛克的艺术格调，遂加入魔法词汇“style prism”，意为风格棱镜化。从新生成的图3-5-3和图3-5-4中不难看出，此魔法词汇的功效是突出高光、增添画面闪耀感以及突出营造画面的整体氛围。

图3-5-3

图3-5-3和图3-5-4也为我们继续美化作品提供了新的灵感，在此基础上，我们希望画面色调能够更为华美、丰富，具有更为强烈的视觉冲击力。此时，万能魔法词汇“holographic，pearl colored，holly light”则非常适用于营造这样的视觉效果，搭配万能词汇“complex details”共同构成强调华丽感、巴洛克色调，以及具有更加丰富多变细节的指令。在此关键词指令下，生成图3-5-5和图3-5-6的画面效果。其中图3-5-5画面中主体人物——白衣少女颈间缀着华美的巴洛克风格珍珠挂链，发丝、服饰、人物身体的细节也处理得更加精确细致。与此同时，AI绘画软件自动把人物与背景的颜色拉开层次，凸显色度的区分，一明一暗使得主体形象更

图3-5-4

图3-5-5

图3-5-6

为彰显。除此之外，画面整体更为完整，整体与细节的关系和谐统一。

二、画面的艺术效果极具感染力

进行全局思考时，我们要对画面整体大效果进行微调，以提升作品的艺术品质。在此前画面四步创作的基础上，将画面线条改善得更加光滑流畅，使光影、结构更为清晰自然；同时，画面背景需要再增添一个层次，使场景展现得更为丰富、绚丽，打破单一色调带来的孤寂与单调感。因此，在关键词中加入“reflective transparent rainbow color”“smooth”，生成终稿如图3-5-7和图3-5-8所示，此时的画面效果生动和谐，这两个魔法关键词的效果立竿见影：背景由较为单一的颜色转变成五光十色的玻璃花窗，射散出神秘幽丽的彩虹色细小光源，与主体人物形象更加适配，让画面整体充满氛围感，加入了故事性，完成了创作者设计构思与人工智能绘画软件共同完成的一次较为成功的创作。（图3-5-7、图2-5-8）

关键词： A girl wearing white clothes is praying with her hands folded together，shiny，water reflective，holographic，pearl colored，holly light，style prismatic flower，reflective transparent rainbow color，complex details，64k，smooth.

关键词译文： 一个穿着白色衣服的女孩在双手合十祈祷，有光泽，水反射，全息，珍珠色，冬青光，风格棱镜花，反射透明的彩虹色，复杂细节，64K，光滑。

图3-5-7

图3-5-8

三、魔法词汇在niji 4及niji5模式下的二次元效果分析

这里的创作案例使用的niji模式是由Midjourney开发的一个二次元风格模式。在这个模式下生成的画面都充斥着浓郁的动漫风格。niji模式擅长创建动感十足的镜头画面，同时在人物、动物角色塑造和画面构图、比例方面做得都比较好。不仅如此，niji模式是以大量的动漫角色、场景为素材资源库的，如果需要快速生成某类广为人知的二次元角色，使用恰当的关键词描述后，只需几秒便可在niji模式中快速获取。

这里我们将在mid5模式下使用的主体人物及相关关键词，逐步引入niji4及niji5中进行尝试，观察关键词所产生的不同效果。

首先，在niji4模式下输入主体关键词“A girl wearing white clothes is praying with her hands folded together”，将其作为唯一生成词，得到一张色彩较单调、线条构成稍显潦草的动漫人物图片，图片中光线灰暗、不够明晰，主体造型普遍以色块进行概括，画面缺乏细节的塑造。（图3-5-9）

在此基础上，添加关键词“shiny，water reflective”后再度生成，效果如图3-5-10所示。此时，图3-5-10整体效果与图3-5-9相比，画面质量得到了一些完善，细节也更加丰富了，线条处理明显细腻了许多。对光线的词汇限定使画面中的光源变得明晰，光影感明显增强，明暗对比处理适当，画面整体光感较为和谐。（图3-5-10）

随后，与mid5模式中的尝试一样，我们继续加入魔法词汇“style prism”，得到更加完善的效果如图3-5-11所示。在niji模式中，风格棱镜花的表现方式与写实模式中的表现方式明显不同，其以高光亮斑的形式点缀在画面中，使画面的层次更为丰富。

图3-5-9

图3-5-10

为使画面效果更为细腻、生动，我们要在图3-5-11的基础上进一步加入魔法词汇“holographic，pearl colored，holly light”，以期望能生成更为灵动、富有张力的表现效果。在图3-5-12中不难看出，“全息风格，珍珠色，冬青光感”对niji模式下画面氛围感的营造与整体画质的提升效果显著。主体人物的五官及手部处理明显细腻而通透了，发丝及衣摆的飘逸感也处理得恰如其分，在此前画面整体效果之上又增添一层顶光光晕，打造出如梦似幻、灵动飘逸的美感。

最后，加上“反射透明的彩虹色，复杂细节”这两个能使画面更为丰富，效果事半功倍的魔法词汇，尝试比较在niji模式下的彩虹反射、射散效果与写实模式

图3-5-11

图3-5-12

下的异同。由生成的终稿图3-5-13和图3-5-14。可以看出，“transparent rainbow color”能使画面充斥着彩虹色的光晕，营造出唯美的光线射散感。与此同时，其作用于主题人物本身，使其变得更为立体典雅，将二次元人物的梦幻空灵感塑造得淋漓尽致，为整体画面增色不少。虽不同于mid5模式中逼真写实、精确完美的光影效果，魔法词汇在二次元风格中的效果同样能起到丰富层次、塑造光影、强化主体的显著作用。

AI绘画软件中niji5与niji4并不是同种风格的模型。niji5是针对二次元模型的升级版，两者在生成画风上有所区分，但生成规律基本相似。在这两种模式下使用相同的魔法词汇所产生的画面

图3-5-13

图3-5-14

图3-5-15

效果，以及画质变化的侧重点均较为相似。图3-5-15至图3-5-19是在niji5模式下，增添相同关键词，相同出图步骤依次产生的叠加效果。

A girl wearing white clothes is praying with her hands folded together，如图3-5-15所示。

A girl wearing white clothes is praying with her hands folded together，shiny，water reflective，如图3-5-16所示。

A girl wearing white clothes is praying with her hands folded together，shiny，water reflective，style prism，如图3-5-17所示。

A girl wearing white clothes is praying with her hands folded together，shiny，water reflective，style prism，holographic，pearl colored，holly light，如图3-5-18所示。

图3-5-16

图3-5-17

最终完成稿如图3-5-19所示。

关键词： A girl wearing white clothes is praying with her hands folded together, shiny, water reflective, holographic, pearl colored, holly light, style prismatic flower, reflective transparent rainbow color, complex details, 64k, smooth.

关键词译文： 一个穿着白色衣服的女孩在双手合十祈祷，有光泽，水反射，全息，珍珠色，冬青光，风格棱镜花，反射透明的彩虹色，复杂细节，64K，光滑。

图3-5-18

图3-5-19

第六节

AI绘画工具的容错性

AI绘画工具软件大多都具有较好的容错机制，即使使用者将具有语法错误或拼写错误的关键词输入其中，AI绘画工具也可以生成比较正确的画面。下面以AI绘画工具Midjourney为例输入一段具有语法错误和拼写错误的关键词。

关键词： A handsom Amercan boy is singing with the forest.

生成效果如图3-6-1所示。

图3-6-1

其中，handsom和Amercan的正确拼写是handsome 和American，with the forest的正确语法是in the forest，但生成的图片效果是正确的。

这说明对英语基础一般的使用者来说，不必过多地在意一些小的语法错误和拼写错误，但要注意不要因语法或拼写的错误而产生歧义，使AI绘画工具受到误导。

例如，期望生成一张男人和猫的图片，正确关键词应是a man is with a cat，但是不小心将cat写成了hat，那么就会生成男人戴着帽子的图片，如图3-6-2所示。

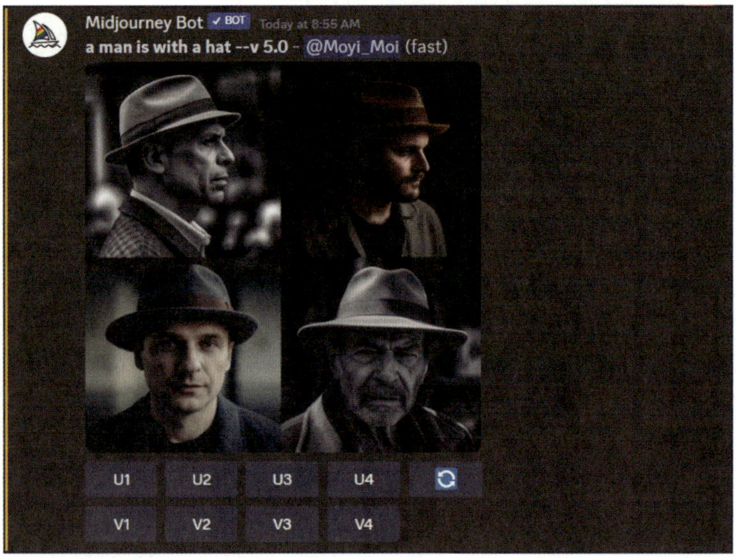

图3-6-2

其实对于英语水平受限的使用者来说，最简单的方式就是使用英语翻译软件，将汉语的关键词直接输入其中生成英语版本再复制粘贴至AI绘画软件中即可。对于英语水平较好的使用者来说，可采用直接自译或使用翻译软件再自行修改细节的方式以追求关键词更准确和更完整。但使用者无须因此感到紧张，随着AI绘画工具飞速的更新与迭代，相信不久的将来肯定会出现能识别各类语言的AI绘画工具，以适应全世界的设计师和艺术爱好者。

第七节

撰写关键词的不同方法

当使用者对所期待的画面没有过多细节要求时，可采用简单的辞藻罗列来生成画面。例如，想生成一幅风景图，可尝试这样输入关键词：山，水，蓝天，白云，绿色，蓝色，春天，飞鸟，广角，清新的。它们的英文翻译为Mountains，water，blue sky，white clouds，green，blue，spring，birds，wide angle，fresh。

如图3-7-1所示，生成的图片基本反映了关键词中的内容，这种方式比较适合初学者。

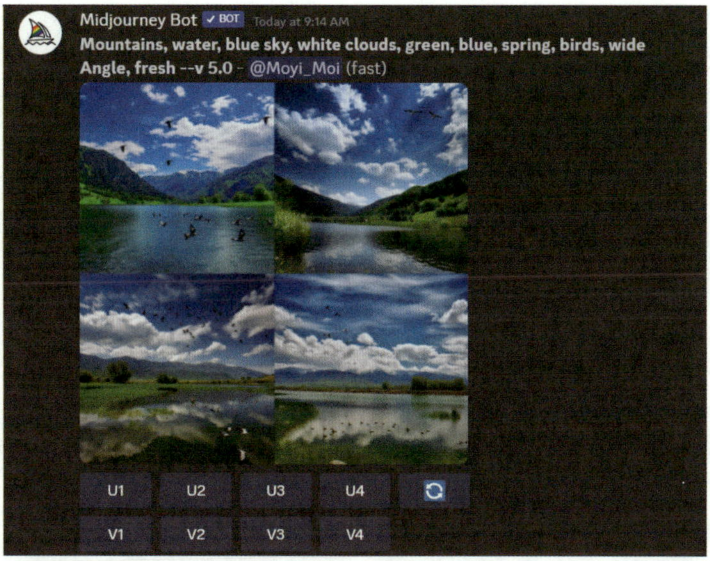

图3-7-1

第二种方式比较细致，适用于对画面要求较高的使用者。

例如，一张写实照片，一个女孩坐在沙发上，穿着白色的睡衣，身后有一幅油画，自然光，广角，全身照。

A realistic photo, a girl is sitting on a sofa, dressing in her white pajamas, with an oil panting behind her, natural light, wide angle, full portrait -ar 2:3.

生成的图片效果如图3-7-2所示。

在上面的关键词中，画面主题是a realistic photo，主角是a girl，动作是is sitting，她所处的场景是sofa和with an oil painting behind her，穿着是white pajamas，所处场景的氛围是natural light，构图是wide angle，bust shot。

可以将这种关键词的排列方式总结为一个公式：画面主题+主角+动作+场景+氛围+构图。

当然并不是所有对细节要求较高的图片都需采用这种关键词的书写方式，笔者只是在提供方法。使用者可根据自己对图片的要求和关键词的书写习惯而随时调整关键词顺序和增加关键词，这里提一个建议：无论如何调整顺序和增加关键词，最好将主题类关键词和画面主角关键词等优先排列，这更有可能生成符合预期的画面效果。

第三种方式是直述法，同样比较适合对细节没有过多要求的画面，如想生成一只兔子在吃草的画面，就直接输入关键词：一只兔子在吃草（A rabbit is eating the grass），关键词输入至Midjourney生成画面效果如图3-7-3所示。

如果按上一个细节描述法来书写兔子吃草的画面，可能是：一只白色的毛茸茸

图3-7-2

图3-7-3

的小兔子在一个花园里吃地上的草（A little white rabbit eats grass on the ground in a garden），如图3-7-4所示。

用第一种辞藻排列的方式来书写关键词可能是a rabbit，eat，grass，如图3-7-5所示。

这三种方式生成的画面效果都比较正确，因此使用者可以随意选择自己想要的撰写方式来生成较为简单的画面，但如果要生成要求较高的画面，那么建议选择第二种较细节的撰写方式。

图3-7-4

图3-7-5

第八节

更改关键词微调图像

当用Midjourney生成4幅图像后，单击V按钮可以在其中一幅图像的基础上再次衍生出4幅图，使用者可用这种方式寻找自己满意的画面，但这种衍生具有随机性，使用者不可控。

为增加可控性，可通过Midjourney中的“/prefer remix”来实现。在Midjourney中执行此命令，进入remix模式，如图3-8-1所示。

这次在单击V按钮后，会出现一个关键词修改框，可在此修改关键词使接下来的衍生方向更准确。

例如，要生成一个白色的火箭，关键词为“一个白色的火箭在星空中（A white rocket is in the starry sky）”，生成4幅图像（图3-8-2）后，选择第4幅图像进行衍生操作，单击

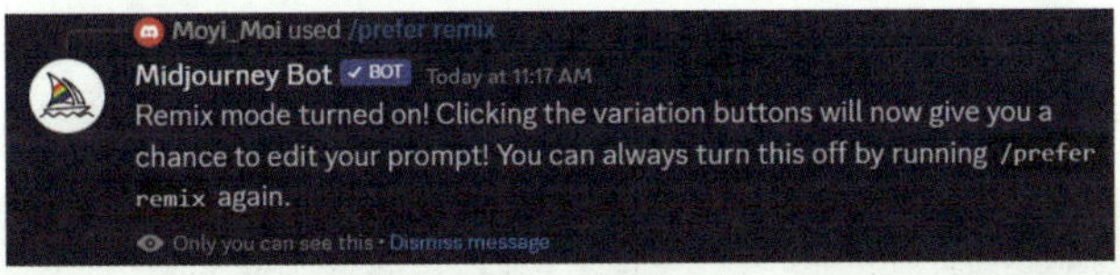

图3-8-1

图3-8-2

V4按钮，弹出修改框后，将白色（white）改成黄色（yellow），如图3-8-3所示。

接下来，生成如图3-8-4所示的带有黄色火箭的图像。

除更改关键词以外，我们也可以通过添加关键词的操作来控制图像的演变，这样的方式可以让使用者更容易得到自己满意的画面，且使用起来方便快捷。

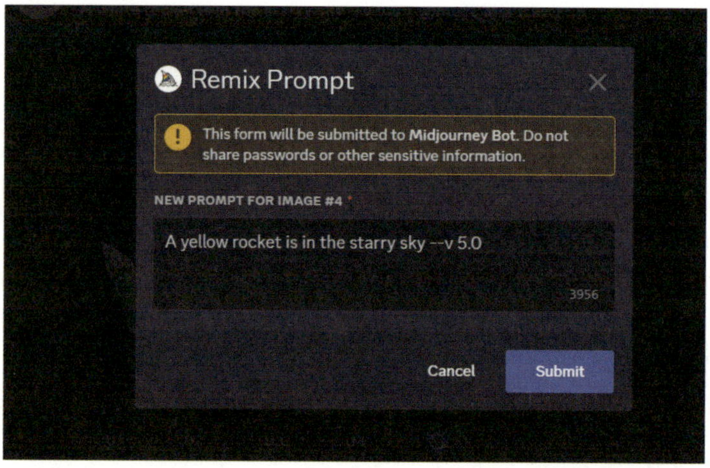

图3-8-3

图3-8-4

第九节

在关键词中加入变量

在较为先进的AI绘画工具中，如Midjourney，可使用排列组合同类词的方式来批量生成图像，节省时间，方便操作。这种方式与编程非常类似，但并不了解编程知识的使用者也不必担心，这种操作非常简单，无须刻意去掌握计算机知识。

例如，使用者希望生成一双鞋，但是纠结其颜色，就可以将颜色作为变量放在{}中，中间用逗号隔开。这样可一次性生成多图，不必多次输入关键词。

关键词： A pair of {blue，white，yellow}shoes.（图3-9-1）

Midjourney将这条文本拆分为3条：

A pair of blue shoes，

A pair of white shoes，

A pair of yellow shoes.

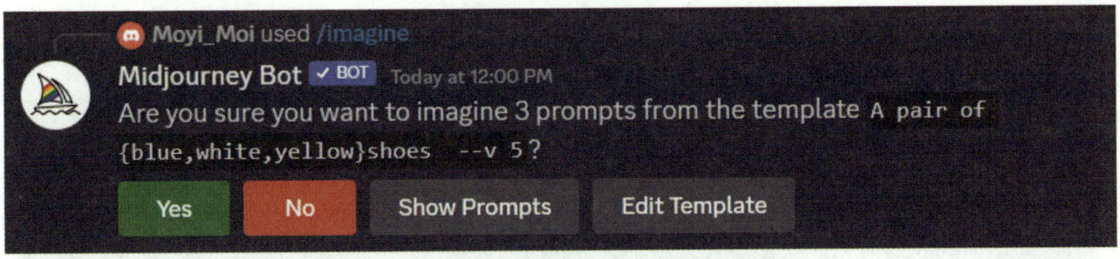

图3-9-1

除了这样的单变量，也可以使用多变量，如关键词：

A {brown，yellow，black}cat is {sleeping，running，jumping}−ar {2:1，1:1}

Midjourney将这条文本拆分为18条：

A brown cat is sleeping −ar 2:1

A brown cat is sleeping −ar 1:1

A brown cat is running −ar 2:1

A brown cat is running −ar 1:1

A brown cat is jumping −ar 2:1

A brown cat is jumping −ar 1:1

A yellow cat is sleeping -ar 2:1

A yellow cat is sleeping -ar 1:1

A yellow cat is running -ar 2:1

A yellow cat is running -ar 1:1

A yellow cat is jumping -ar 2:1

A yellow cat is jumping -ar 1:1

A black cat is sleeping -ar 2:1

A black cat is sleeping -ar 1:1

A black cat is running -ar 2:1

A black cat is running -ar 1:1

A black cat is jumping -ar 2:1

A black cat is jumping -ar 1:1

这样的方式大大提高了使用者的作图效率，但要注意这样会很快消耗订阅的时间。

第十节

关键词的禁忌

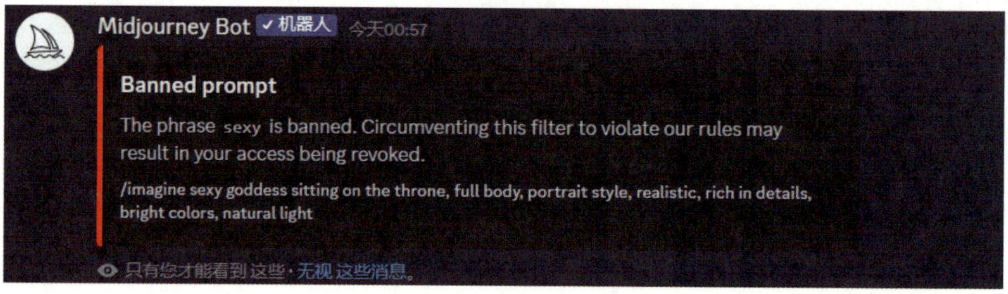

图3-10-1

反向关键词（禁忌词）：很多AI绘画软件都会在生成图像的时候，在下面提示反向关键词，不同的国家对反向关键词或禁忌关键词的限制有所不同。例如，在使用Stable Diffusion软件生成图像时，输入关键词后，会在输入框下方自动生成并标注出反向关键词，也可称为禁忌词。当输入的关键词中含有部分禁忌词汇时，软件会出现弹窗，提示"××"一词被禁止。显示："绕过此筛选器已违反我们的规则，可能会导致您的访问被吊销。”

在使用AI绘画软件创作时，容易在关键词描述过程中涉及的敏感词汇包括Sexy（性感）、bare（裸露）、exposed（露出）、indecent（不雅）、loli（萝莉）、blood（鲜血）、violence（暴力）等，此类含有色情、不雅及歧视语义和血腥的词汇都会被禁止使用。在绘画创作过程中特别要注意：如果多次涉及敏感词汇，容易造成账户IP地址被禁止、账号冻结等不良影响，在设计过程中务必留意并小心避免。

第十一节

提词板——AI绘画高频关键词

通过对多款不同人工智能绘画软件的使用，在大量创作实践中针对描述人物、动物、器物、场景等不同主题画面的关键词进行梳理和分类，要总结出不同类别画面常用的高频词汇，供初学者参考，以便快速掌握AI绘画创作要领。

一、描述画面场景的词汇

Aurora Borealis　北极光
Giant Architecture　巨型建筑
Cyberpunk Alley　赛博朋克小巷
Starry Night　星空夜景
Gothic Cathedral　哥特式大教堂
Digital Universe　数字宇宙
Surreal Dreamland　超现实梦境
Spaceship　宇宙飞船
Cliff　悬崖峭壁
Mystical Forest　神秘森林
Sky Island　天空岛屿
Crystal Palace　水晶宫殿
Desolate Desert　荒漠孤烟
Sunken Shipwreck　沉船遗迹
Cactus Desert　仙人掌沙漠
Post−Apocalyptic　后启示录、末日后
Castle in the Sky　天空之城
Mythical World　神话世界
Outer Space　外太空
Magical Forest　魔幻森林
Ancient Temple　古代神庙
Volcanic Eruption　火山喷发
Futuristic Robots　未来机器人
Giant Machines　巨大机器
Apocalypse Ruins　末日废墟
Star Wars　星球大战
Mars Exploration　火星探险
Enchanted Forest　魔法森林
Technological City　科技城市
Romantic Town　浪漫小镇

Neon City　霓虹城市
Steampunk Factory　蒸汽朋克工厂
Rainy City　雨天城市
Mushroom Forest　蘑菇森林
Fairy Tale Castle　童话城堡
Enchanted Garden　迷人花园
Post-Apocalyptic World　后启示录世界
Magical Kingdom　魔力王国
Dystopian Landscape　反乌托邦景观
Dark Forest　黑暗森林
Lunar Landscape　月球景观
Lost Ruins　迷失废墟
Ice Kingdom　冰雪王国
Tropical Paradise　热带天堂
Post-Apocalyptic Wasteland　后启示录荒原
Steampunk Cityscape　蒸汽朋克城市
Fantasy Village　奇幻村庄
Magical Forest　魔力森林
City　城市
Deserted City Buildings　废弃城市建筑群
Near Future City　近未来都市
Street Scenery　街景
Alchemy Laboratory　炼金室
Universe　宇宙
Rain　雨天
In the morning mist　在晨雾中
Full of sunlight　充满阳光
Cyberpunk Street　赛博朋克街道
Mystic Temple　神秘寺庙
Ancient Ruins　古代遗迹
Desert Oasis　沙漠绿洲
Lunar Colony　月球殖民地
Steam-Powered Machinery　蒸汽动力机械
Abandoned Spaceship　废弃宇宙飞船
Mysterious Tomb　神秘古墓
Fantasy　幻想
Classroom　教室
Whimy　异想天开
Bedroom　卧室
Forest　森林
Ruins 废墟
Underworld 冥界
Alien Planet　外星球
Futuristic Park　未来公园
Time Travel Cityscape　时光穿越城市
Robot Factory　机器人工厂
Cyber Jungle　赛博朋克丛林
Mystic Mountain　神秘山脉
Ice Cave　冰洞穴
Cyberpunk City　赛博朋克城市
Dystopian Future　反乌托邦未来
Haunted Forest　鬼屋森林
Extraterrestrial Landscape　外星地貌
Surreal Landscape　超现实主义风景
Medieval Castle　中世纪城堡
Lunar Landscape　月球地貌
Crystal Cave　水晶洞穴
Starry Night Sky　星空夜景
Apocalyptic City　世界末日城市
Galaxy　银河
Dungeon　黑暗地牢
Nebula　星云
Mad Max　疯狂麦斯沙地风格
Overgrown Nature　杂草丛生的
Underwater World　水下世界
Futuristic Metropolis 未来都市

Enchanted Garden 魔法花园
Magical Castle 魔法城堡
Dreamy Clouds 梦幻云彩
Industrial Cityscape 工业城市
Floating City 浮空城市

二、描述灯光、光效的词汇

Cinematic Light 电影光
Intense Backlight 强光逆光
Volumetric Light 立体光
Shimmering Light 闪光灯光
Studio Light 影棚光
Bisexual Lighting 双性照明
Reflection Effect 反射
Soft Illumination 柔和的照明
Soft Lights 柔光
Projection Effect 投影
Glow Effect 发光
Fluorescent Lighting 荧光灯
Romantic Candlelight 浪漫烛光
Beautiful Lighting 好看的灯光
Electric Flash 电光闪烁
Soft Light 柔软的光线
Misty Fog 雾气蒙蒙
Ethereal Mist 仙气缭绕
Brutal 残酷的，破碎的
Warm Glow 温暖光辉
Dramatic Contrast 强烈对比的
Moody Atmosphere 忧郁氛围
Dramatic Light 强光
Soft Moonlight 柔和月光
Volumetric Lighting 层次光
Rays of Shimmering Light 微光
Octane Render OC 渲染效果
Crepuscular Rays 黄昏射线
Unreal Engine 5 UE5 效果
Outer Space View 外太空景观
V-Ray 渲染效果
Cinematic Lighting 电影灯光
Dramatic Lighting 戏剧灯光
Shadow Effect 阴影效果
Cold Light 冷光
Natural Light 自然光
Warm Light 暖光
Raking Light 侧光
Hard Lighting 强光
Edge Light 边缘光
Dramatic Light 戏剧光
Back Light 逆光
Color Light 色光
Hard Light 硬光
Cyberpunk Light 赛博朋克光
Bright 明亮的光线
Rembrandt Light 伦勃朗光
Top Light 顶光
Reflection Light 反光
Rim Light 轮廓光
Mapping Light 映射光
Morning Light 晨光
Mood Lighting 情调光
Sun Light 太阳光
Atmospheric Lighting 气氛照明
Golden Hour Light 黄金时段光
Volumetric Lighting 体积照明
Bright 明亮的

Mood Lighting　情绪照明
Dreamy Haze　梦幻雾气
Rembrandt Lighting　伦勃朗照明
Stark Shadows　明暗分明
Split Lighting　分体照明
Moody Darkness　黑暗氛围
Front Lighting　前灯
Vibrant Color　鲜艳色彩
Back Lighting　背光照明
Harsh Contrast　高对比度
Clean Background Trending　干净的背景趋势
Serene Calm　安静恬淡
Bright Highlights　明亮高光
Rim Lights　边缘灯
Twinkling Stars　闪耀星空
Global Illumination　全局照明

三、描述色彩、色调的词汇

Mint Green　薄荷绿色系
Sunset Gradient　日暮色系
Maple Red　枫叶红色系
Pop Art　波普艺术
Mountain Blue　雪山蓝色系
Laser Candy Paper Color　镭射糖果纸色
Macarons　马卡龙色
Muted Tones　莫兰迪色系
Titanium　钛金属色系
Fresh Fruits　鲜果色系
Black and White　黑白灰色系
Minimalist Black and White　极简黑白色系
Warm Brown　温暖棕色系
Soft Pink　柔和粉色系
Fashionable Gray　时尚灰色系
Crystal Blue　水晶蓝色系
Shine　发光
Star Flash　星闪
Fluorescence　荧光
Holy Light　圣光
Reflections Transparent Iridescent Colors
反射透明彩虹色
Candy　糖果色系
Coral　珊瑚色系
Lavender　紫罗兰色系
Emerald　绿野仙踪色系
Rose Gold　玫瑰金色系
Sky Blue　浅蓝色系
Burgundy　酒红色系
Turquoise　土耳其蓝色系
Black Background Centered　黑色背景居中
White and Green Tones　白色和绿色调
Red and Black Tones　红色和黑色调
Yellow and Black Tones　黄色和黑色调
Gold and Silver Tones　金色和银色调
Neon Shades　霓虹色调
Red　红色
White　白色
Black　黑色
Green　绿色
Yellow　黄色
Blue　蓝色
Purple　紫色
Gray　灰色
Brown　棕色
Cyan　青色
Orange　橙色

Bright Orange 亮丽橙色系
Ivory White 象牙白色系
Natural Green 自然绿色系
Luxurious Gold 奢华金色系
Steady Blue 稳重蓝色系
Classic Red Black and White 经典红黑白色系
Coral Orange 珊瑚橙色系
Whopper 巨无霸色系
Autumn Brown 秋日棕色系
Denim Blue 丹宁蓝色系
Violet Purple 紫罗兰紫色系

四、描述质感的词汇

Matte Texture 亚光质感
Pearl Texture 珍珠质感
Silk Texture 绸缎质感
Fluffy Texture 毛绒质感
Water Wave Texture 水波纹质感
Graphite Texture 石墨质感
Bamboo Texture 竹子质感
Metallic Texture 金属质感
Stone Texture 石质
Pearl Luster Texture 珠光质感
Glass Texture 玻璃质感
Leather Texture 皮革质感
Cotton Texture 棉质
Crystal Texture 水晶质感
Plastic Texture 塑料质感
Sandy Texture 沙质
Ceramic Texture 陶瓷质感
Antique Bronze Texture 古铜质感
Brick Texture 砖石质感
Paint Texture 油漆质感
Gauze Texture 纱绸质感
Clay Texture 黏土质感
Mycelium 菌丝
Decayed 腐朽衰败的
Skeletal 骨骼状
Wood 木头
Glass 玻璃
Cotton 棉花
Linen 亚麻布
Tissue Paper 薄纸巾
Porcelain 瓷器
Celadon 青瓷
Enamel 珐琅
Metallic Paint Texture 金属漆质感
Texture 纹理质感
Fur Texture 皮毛质感
Carved Texture 雕刻质感
Lace 蕾丝
Velvet 天鹅绒
Sandstone 砂岩
Delicately Curved 曲线细腻的
Sinuous 线条弯曲但流畅的
Exquisite 线条优美且精细的
Well-defined 线条优美且清晰的
Textured 有纹理的
Layered 有层次感的
Organic Pattern 纹路自然的
Bold 线条明显而突出的
Embossed 具有浮雕感的
Carved 具有雕刻感的
Epic Detail 超细节
Smooth 光滑的

Clear 清晰的

Delicate 细腻的

Fine 精细的

Flat 平整的

Precise 精密的

Sleek 线条流畅的

Streamlined 流线型的

Soft 柔和的

Curved 弯曲的

Graceful 线条优美的

Varied 多样化的

Organic 有机的

Polished 光洁的

Subtle 细微的

Slender 纤细的

Thin 细长的

Intricate 线条细致的

Gentle 线条流畅且柔和的

Elegant 线条优美且流畅的

Soothing 线条柔和且平滑的

Curvaceous 曲线优美的

Rough 粗糙的

Irregular 不规则的

Bulky 粗大的

Sharp 锋利的

Angular 多棱角的

Dynamic 充满动感的

Uniform 统一的

五、描述画面构图的词汇

Saturated Composition 饱和构图

Point of View Composition 视角构图

Cut Out Composition 剪影构图

Repetition Composition 重复构图

Focal Point Composition 焦点构图

Contrast Composition 对比构图

Overlapping Composition 重叠构图

Isolation Composition 孤立构图

Radial Composition 径向构图

Split Complementary Composition 分割互补构图

Mise-en-scene Composition 布景构图

Negative Space Composition 负空间构图

Collage Composition 拼贴构图

Symmetrical Face 对称面孔

Volumetric Light/Volume Method 体积光

Symmetrical Composition 对称构图

Asymmetrical Composition 非对称构图

Rule of Thirds Composition 三分法构图

Golden Ratio Composition 黄金分割构图

Diagonal Composition 对角线构图

Dynamic Symmetry Composition 动态对称构图

Juxtaposition Composition 并列构图

Converging Lines Composition 汇聚线条构图

Vanishing Point Composition 消失点构图

Framing Composition 画框构图

Nonlinear Composition 非线性构图

Rule of Thirds 三分法

Golden Ratio 黄金分割

Symmetry 对称

Asymmetry 不对称

Leading Lines 引导线

Framing 构框

Isolation 孤立

Depth 深度

Contrast 对比度

Texture　纹理

Center the Composition　中心构图

S-shaped Composition　S形构图

Horizontal Composition　横向构图

Symmetrical Body　对称身体

Wide View　宽景

Bird View　鸟瞰

Top View　俯视

Front View　正面

Headshot　头部特写

Ultra-wide Shot　超广角

Extreme Closeup　极端特写

Macro Shot　微距

An Expansive View of　景观

Portrait　肖像

Fullbody　全身

Busts　半身像

Close up　特写

Profile　侧面

六、描述画面视角的词汇

Panoramic View　全景视角

Backlight Style　逆光摄影风格

Low Angle Shot　低角度视角

Overhead　俯拍视角

Eye-level　常规视角

Bird's-eye View　鸟瞰视角

Dutch Angle　交错视角

Dynamic View　运动视角

Extreme Close-up　极限特写

Perspective　透视视角

Extreme Close-up　极限近景

Detroit：Become Humancamera Angle　底特律视角

Simulated Camera　模拟摄影机

Detail Shot（ECU）　大特写

Free Camera　自由视角

Fixed Camera　固定视角

Top-down Perspective　俯视视角

Side-scrolling Perspective　侧面视角

Close-up View　短距离视角

Long-shot View　远距离视角

Arbitrary View　随意视角

Follow Camera　跟随视角

Endoscopic View　内视镜视角

Over-the-Shoulder　肩膀视角

Fisheye Lens　鱼眼视角

Macro Lens　微距视角

Reverse Angle　反转视角

Close-Up（CU）　特写

Medium Close-Up（MCU）　中特写

Medium Shot（MS）　中景

Medium Long Shot（MLS）　中远景

Long Shot（LS）　远景

Over-the-Shoulder Shot　过肩景

Loose Shot　松散景

Tight Shot　近距离景

Two Shot（2S），Three Shot（3S），Group shot（GS）　两景（2S）、三景（3S）全景（GS）

Scenery Shot　空景（GS）

Bokeh　背景虚化

Foreground　前景

Background　背景

Full-Length Shot（FLS）　长镜头

常用视角（拍摄镜头）的注释如下。

广角镜头拍摄（Wide-Angle Shot）或广角拍摄（Wide-Angle）：相机离被拍摄对象较远。

超广角镜头（Ultra-Wide Angle）或超广角拍摄（Ultra Wide-Angle）：相机离被拍摄对象非常远。

远景拍摄（Far-Shot）或远角度拍摄（Far-Angle）：相机离被拍摄对象很远，拍摄角度在被拍摄对象上方或下方。

航拍（Aerial View）或卫星视角（Satellite View）或无人机拍摄（Drone Footage）：相机高空俯瞰被拍摄对象。

中距离拍摄（Camera Medium Distance）、中景（Medium-Shot）或中景角度（Medium-Shot Angle）：相机低角度向上拍摄被拍摄对象。

俯视（Top-Down Shot）或俯视角度（Top--Down Angle）：相机高角度向下拍摄被拍摄对象。

地面拍摄（Ground-Shot）或地面拍摄角度（Ground-Shot Angle）或地面角度（Ground Angle）：相机高角度向下拍摄被拍摄对象。

低角度拍摄（Low-Angle Shot）或低角度（Low Angle）：相机非常低，向上拍摄被拍摄对象。

高角度拍摄（High-Angle Shot）或高角度（High Angle）：相机相对较高，向下拍摄被拍摄对象。

全景（Full-Shot）或全身拍摄（Full-Body Shot）或全长拍摄（Full-Length Shot）：相机捕捉整个被拍摄对象。

七、描述画面风格的词汇

Montage　蒙太奇

Black and White　黑白

Fashion　时尚

Modern-style　现代风格

Interior Design　室内设计

Eco-Friendly-style　环保清新风格

Country Style　乡村风格

Minimalism　极简主义

Immersive Design　沉浸式设计

Mystic Fantasy　神秘幻想

Modern Minimalist　现代简约风格

Prairie　草原风格

Modern Luxury　现代奢华风格

Forest　森林风格

Ocean　海洋风格

Art Deco Style　艺术装饰风格

Pearl Milk Tea Style　珍珠奶茶风格

Pointillism　点彩派

Claude Monet　克劳德莫奈

Quilted Art　绗缝艺术

Traditional Chinese Ink Painting　传统中国山水画

Chinese-style　中式风格

Ink Illustration　水墨插图

New Chinese Style　新中式风格

Ink Wash Painting Style　水墨风格

Color Ink on Paper　纸本彩色墨水

Traditional Culture　传统文化

Japanese Ukiyo-e　浮世绘

Japanese Comics / Manga　日本漫画风格

Anime　日本动画片

Poster of Japanese Design 日本海报风格
Miyazaki Hayao Style 宫崎骏风格
Soejima Shigenori 副岛成记
Yamada Akihiro 山田章博
Ghibli Studio 吉卜力风格
JoJo's Bizarre Adventure JoJo的奇妙冒险
Manga 漫画
Japanese-style 日本风格
Magic Realism 魔幻现实
Disney-style 迪士尼风
ACGN 二次元
Makoto Shinkai 新海诚
Lolita 洛丽塔风格
Stock Illustration Style 童话故事书插图风格
Impressionism 印象派
Children's Illustration 儿童插画
Munashichi 六七质
Hand-drawn Style 手绘风格
Cartoon 卡通
Pixel Art 像素风
Fairy Tale Style 童话风格
Doodle 涂鸦
Voynich Manuscript 伏尼契手稿
CGSociety CG艺术协会风格
Dreamworks Pictures 梦工厂影业
Pixar 皮克斯
Pulp Noir 黑白电影风格
Hollywood-style 电影风格
Baroque 巴洛克时期
Cinematography Style 电影摄影风格
Miniature Movie Style 微缩模型电影风格
Film Photography 胶片摄影
French Art 法国艺术

Bauhaus 包豪斯
Unity Creations 统一创作
Leonardo Da Vinci 达·芬奇
Vincent Van Gogh 凡·高
Art Nouveau 新艺术风格
Rococo 洛可可风格
Renaissance 文艺复兴
Cubism 立体派
Stained Glass Window 彩色玻璃窗
Abstract Art 抽象表现主义
Surrealism 超现实主义
Op Art / Optical Art 欧普艺术/光效应艺术
Abstract 抽象风
Gothic Gloomy Realism 写实主义
Ethnic Art 民族艺术
Risograph 印刷风
Gothic-style 哥特式
Full Details 哥特式黑暗
Fauvism 野兽派
Minimalist 极简主义
Brutalist 粗犷主义
Constructivist 建构主义
Concept Art 概念艺术
American Country 美式乡村风格
Industrial 工业风格
Carving Art 雕刻艺术风格
Ethnic 民族风格
Magic Realism Style 魔幻现实主义风格
Book Page 书页
Realistic 真实的
3D Style 3D风格
Sophisticated 复杂的

Photoreal　真实感

National Geographic　国家地理

Hyperrealism　超写实主义

Cinematic　电影般的

Architectural Sketching　建筑素描

Partial Anatomy　局部解剖

90s Video Game　20世纪90年代电视游戏

Game Style　游戏风格

BOTW　旷野之息

Warframe　星际战甲

八、描述绘画种类的词汇

Illustration　插画

Vector　向量图

Oil Painting　油画

Photography　摄影

Watercolor　水彩

Sketch　素描

Ink Painting　水墨画

Sculpture　雕塑

Blockprint　印刷版画

Lino Cut　利诺剪裁

Manuscript　手稿

九、绘画风格触发相应关键词举例

下面以Midjourney常用绘画风格为例。

1. 抽象艺术（Abstract Art）

触发关键词：充满活力的颜色（Vibrant colors），几何形状（Geometric shapes），抽象图案（Abstract patterns），运动与流动感（Movement and flow），质感与层次感（Texture and layers）。

2. 超现实艺术（Surreal Art）

触发关键词：梦幻般的（Dreamlike），超现实的风景（Surreal landscapes），神秘的生物（Mystical creatures），扭曲的现实（Twisted reality），超现实的静物（Surreal still life）。

3. 风景摄影（Landscape Photography）

触发关键词：雄伟的山脉（Majestic mountains），茂密的森林（Lush forests），闪耀的湖泊（Glittering lakes），沙漠中的沙丘（Desert dunes），金色落日（Golden sunsets）。

4. 人像摄影（Portrait Photography）

触发关键词：感性的眼神（Emotive eyes），强烈的凝视（Intense gazes），沉思的心情（Contemplative mood），富有表现力的手势（Expressive gestures），创意造型（Stylized poses）。

5. 极简主义（Minimalism）

触发关键词：简洁（Simplicity），干净的线条（Clean lines），极简色彩（Minimal colors），负空间（Negative space），极简静物（Minimal still life）。

第四章

缤纷的画面
——AI绘画的丰富多样

使用人工智能软件创作绘画或进行设计，首先要掌握运用关键词描述画面的基本方法，然后还要能够依据不同的创作主题、画面内容为思考线索，精准描述出风格各异的表现形式，从而完成整体创作。以画面的主题、内容为线索进行深入创作的方法既适用于初学者，又可以作为辅助设计，帮助专业设计师更高效、更大量地完成有一定质量保证的设计方案。

本章主要介绍丰富多样的AI绘画内容，包括不同表现风格的人物绘画、不同表现形式的动物绘画，以及不同表现题材的场景绘画。这些AI绘画作品不仅有民族传统、现代时尚、二次元、像素画、科幻、机甲、魔兽等多种表现形式，还包含有不同时期、不同流派的国际著名艺术家风格迥异的绘画风格，也涵盖了油画、水彩、版画、水墨画等不同绘画材料、绘画种类。这里分析了大量的创作案例，其中的创作思路、创作经验，可以适用于多种AI绘画软件。学习者也可以触类旁通、举一反三，由此获得更多的启发，创作出更多优质作品。

第一节

不同表现风格的人物绘画

用AI绘画软件进行人物主题画面创作，其中Midjourney、Stable Diffusion等软件生成的人物比例较为准确，人物五官、服饰中局部细节也能够得以精美的表现。这里利用AI绘画软件创作一些不同风格的人物主题绘画作品，分析其中的创作思路和关键词的构成，并对关键词中出现的具有特定含义的符号、字符加以讲解、说明，便于学习者理解和掌握它们的使用方法。

一、人物肖像绘画

对于AI绘画创作的初学者，创作人物绘画时，可以先从人物肖像画开始练习。首先要尝试把自己的想法写出来，并通过AI绘画软件生成画面。

例如，生成一幅较为简单的肖像画。先要设定这个肖像的人物特点是一个长着大眼睛和长头发的女孩，她很开心，对着镜头微笑，然后把这个构思转换为描述画面的短语和关键词：一幅肖像画，一个有着大的黑色眼睛和长头发的女孩，她很开心，她在微笑，这幅肖像画表达了她的正面形象，自然光线，尺寸为2：3。于是，我们输入的关键词为（使用Midjourney软件）：a girl with big and black eyes and long hair，portrait，happy，smile，front，natural light –ar 2:3 –v 5.2。

这时AI绘画软件生成4幅画面，我们随机选取一幅作为范图，见图4–1–1。在AI绘画软件中描述画面时使用的特定字符及其含义：ar代表图片尺寸；q代表图片的质量，5为最高，范围值为0.25~5；s代表图像个性化，s数值越大个性化越强，范围值为0~1000；v代表模型版本的选择，目前最新的模型版本已经升级到v5.2，它的图像细节和分辨率是最高的。

对画面尺寸的指定，格式为空格–ar空格2：3空格，在对话框中输入关键词前要先输入“/imagine promote：”。

此时生成的画面明显偏向于写实风格，与照片有些相似。我们想要改变画面风格可以加入一些新的关键词来描述画面，设定作品的画种、画风。这里用水彩画风格进行创作，在关键词中加入“水彩画”，也就是“watercolor painting”，所以这次我们输入的关键词是a beautiful watercolor painting，a girl with big and black eyes and long hair，portrait，happy， smile，front，natural light -ar 2:3 -v 5.2。（图4-1-2、图4-1-3）

图4-1-1

图4-1-2

图4-1-3

这两幅肖像作品可以非常明显地看出水彩画的特点。接下来继续改变画种，变换为油画风格，并且对色彩提出具体要求，继续加入形容色彩的关键词，如多彩的、单一的、黑白的、强对比的、柔和的等词汇。如果对画面的光线不满意，可以加入逆光、体积光、柔和的光线、强烈的光线，甚至是月光、灯光、烛光等具体设定，在绘画风格方面也可以加入自己喜欢的艺术家名字。除了进一步设定画面的光线、色彩、绘画风格、绘画种类，只要对画面有新的构想，想到新的关键词，都可以对画面添加描述并进行不断地调试，直到输出满意的作品为止。

下面以达·芬奇的油画风格为例，输入一段较为复杂的关键词。

中文关键词：一幅美丽的油画，肖像画，一位美丽的欧洲女性，头上戴着皇冠，面带微笑，她有蓝色的眼睛雪白的皮肤，欧洲贵族，欧洲皇室，微胖，珠宝，华丽，富有，暖色，柔光，开心，高清，丰富的细节，详细信息，达·芬奇风格。

英文关键词：A beautiful oil painting，portrait，a beautiful European woman with a crown on her head，smiling，she has blue eyes and white skin，European aristocracy，European royal family，chubby，jewelry，gorgeous，rich，warm color，soft light，happy，HD，rich details，detailed，Da Vinci style -ar 3:4 -v 5.2 -s 700.

生成图4-1-4和图4-1-5都具有非常明显的达·芬奇油画风格特征。我们也可以尝试一些其他画家的绘画风格，或者用自己喜欢的元素来丰富画面。掌握了这些AI绘画软件的基本使用方法，就已经走进了人物肖像画创作的大门。下面将对更多艺术风格进行举例和讲解。

图4-1-4

图4-1-5

二、动漫人物绘画

动漫风格人物造型非常受青少年的喜爱，很多AI绘画软件塑造动漫人物的能力都很强大。运用同样的创作方法用关键词对事先构思好的画面进行描述时，先设定一个带有中国元素，同时有一些场景的画面，所描绘的动漫人物造型的画面相比前面单纯的人物肖像会更加复杂一点。

这里所用的关键词会添加更多的形容词，如神奇的、魔法的、充满活力的、生动的、优雅的等，以便AI绘画软件能够理解这幅画将要带给人的感受。同时，还要在关键词中加入了高细节、丰富的细节等关键词，为使生成的画面内容更加丰富、更加具有层次感，这些关键词在任何类型的AI绘画软件中都可以酌情运用。

中文关键词： 一个美丽的长头发动漫女孩正在练习中国功夫，神奇的，中国古代主题，水墨，幻想，中国龙，魔法，高细节，多彩的光，中国风格，美丽的光，强烈的对比，惊人的逼真的灯光和阴影，充满活力，8k，生动，插图，虚幻，丰富的细节，概念艺术，现实，中式，优雅，广阔的视野。

英文关键词： A beautiful anime girl with long hair is practicing Chinese kungfu，amazing，Chinese ancient theme，water and ink，fantasy，Chinese dragon，magic，high detail，colorful light，Chinese style，beautiful light，strong contrast，stunning realistic lighting and shading，vibrant，8k，vivid，illustration，unreal，rich details，concept art，realistic，Chinese style，elegant，wide view –ar 16:9 –s 400 –niji 5.

这里添加了一个新的后缀"niji 5"，可以在Midjourney软件中加入此后缀，会使得动漫主题的画面更为精美，同时可以加入新的社区：Niji·journey来专门创作动漫作品。前面介绍的这两种方法都适用于动漫画面的创作，下面是生成的动漫人物造型的画面。（图4-1-6、图4-1-7）

图4-1-6

图4-1-7

接下来创作一个其他风格的动漫人物造型。人物造型设定为穿着洛可可风格裙子的女生形象，并添加更多对光影细节的描述。

中文关键词：一个美丽的插图，pixiv风格的厚丙烯插图，华丽的动漫女孩，银蓝色的头发，长发，洛可可风格的衣服，黄色的色调，月光，美丽和复杂的衣服，非常多彩，皇冠，反射光，神圣的光，美丽的光，背光，最高质量，丰富的细节，精致，漂亮的装饰，动态的拉伸，超级美丽的阴影，彩虹，钻石光，新海诚。

英文关键词：A beautiful illustration，thick acrylic illustration on pixiv，gorgeous anime girl，Silver blue hair，long hair，Rococo-style clothing，yellow tone，moonlight，beautiful and complex clothes, very colorful, crown, reflect light, holy light, beautiful light, backlight, highest quality, rich details, delicate, pretty decorations, the dynamic of stretch, super beautiful shadow, rainbow, Diamond light, Makoto Shinkai –ar 3:2 –s 300 –niji 5.（图4–1–8、图4–1–9）

图4–1–8

图4–1–9

随着关键词的增加，我们可以明显看到画面越来越复杂的光线，表现出光影细节和局部反光，头发、服饰细节也更加丰富，画面具有层次感。前面是女生的人物造型，现在可生成一个男生的人物形象进行比较。用以下的关键词生成画面。

中文关键词：pixiv风格的厚丙烯插图，一个英俊的微笑着的韩国男人有着苍白面容，腰部肖像，金色花朵，金色的天空，水汪汪的眼睛，美丽的脸，彩虹，动漫，白发，透明复杂的衣服，激光，快乐，高细节，真实的金色珠宝，珍珠，闪亮，透明，背光，最佳质量，超详细，丰富的细节，美丽柔软的头发。

英文关键词： Thick acrylic illustration on pixiv，a Korean man with handsome and pale face is smiling，waist up portrait，golden flowers，golden sky，watery eyes，beautiful face，iridescent，anime，white hair，transparent complex clothes，laser，happy，high detail，realistic golden jewelry，pearl，sparkling，transparent，backlight，best quality，ultra detailed，rich details，beautiful and soft hair --ar 2:3 --s 700 --niji 5.（图4-1-10、图4-1-11）

图4-1-10

图4-1-11

这时会发现，去掉关键词“新海诚”之后，生成的画面不同于之前的画面效果，丙烯画的绘画风格体现得很明显，人物主体面部细腻，服装和花卉笔触清晰厚重。另外“韩国男人”的关键词确实在这两幅画中有所体现，能让人清晰感受到亚洲青年男性的相貌特征，这也说明AI绘画软件对人种具有一定的识别能力。下面尝试不同国家的男人和女人形象造型的描绘，首先在关键词中加入一些日本传统服饰元素。

中文关键词： 一个美丽的插图，一个可爱的女孩穿着传统日本服饰，黑色头发和绿色眼睛，绿色背景，生动的彩色丙烯画，pixiv风格，8K，最佳质量，超详细，极其突出的轮廓，彩色，巨大的对比，丰富的细节，高清。

英文关键词： A beautiful illustration，a lovely girl with traditional Japanese wear，black hair and green eyes，green background，vivid color acrylic painting，pixiv，8k，best quality, ultra detailed, extremely bold outline, colorful, huge contrast, rich details, HD –ar 2:3 –niji 5 –s 400.（图4–1–12、图4–1–13）

由于加入了"极其突出的轮廓"，生成的这两幅画中轮廓勾线都很大胆果断，这种画面效果与使用数位板的手绘图有些近似。接下来，我们尝试用Niji·journey的另一个画法。首先单击"Niji·journey"，在对话框中输入"/settings"并按回车键发送，发送后选择"Expressive Style"选项。（图4–1–14）

然后把前面的关键词原封不动输入，看看画面会产生怎么样的效果变化。

中文关键词：一个美丽的插图，一个可爱的女孩穿着传统日本服饰，黑色头发和绿色眼睛，后面有一些树，生动的彩色丙烯画，pixiv风格，8K，最佳质量，超详细，极其突出的轮廓，彩色，巨大的对比，丰富的细节，高清。

英文关键词：A beautiful illustration, a lovely girl with traditional Japanese wear, black hair and green eyes, some trees behind, vivid color acrylic painting, pixiv, 8k, best quality , ultra detailed, extremely bold outline, colorful, huge contrast, rich details, HD –ar 2:3 –niji 5 –style expressive.

输入后，我们会发现在关键词的最后面多了一个后缀：– style expressive ，观察下面AI绘画软件生成的作品，图4–1–15。可以发现，使用expressive style后，相同的关键词生成的图片风格截然不同。可以发现，生成的画面色彩渲染更加自然，空间层次更为丰富，且人物的面部神态更为生动，具有美式动漫的风格特色。艺术家可以根据实际创作

图4–1–12

图4–1–13

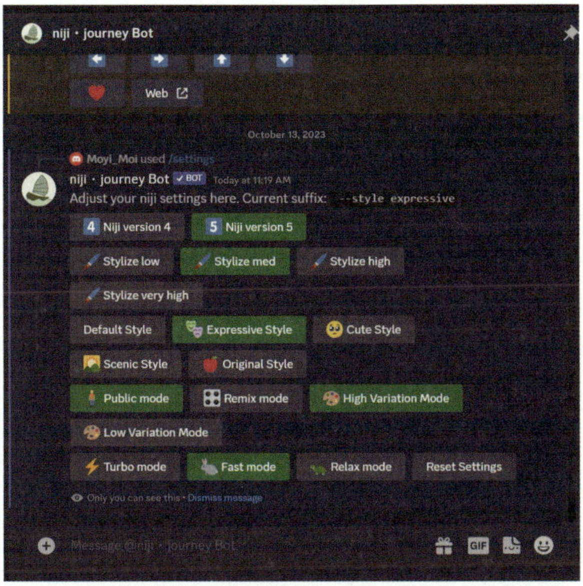

图4-1-14

图4-1-15

时的需求，选择是否采用此种风格。

三、人物造型盲盒、手办、IP形象绘制

人物造型产品设置要在前面动漫风格人物造型创作的基础上，进行一些3D立体风格人物造型的尝试。这里以当下比较流行的盲盒、手办、IP形象为例。第一个人物做成迪士尼动画风格的形象，加入“迪士尼皮克斯动画”和盲盒品牌“泡泡玛特”的关键词，希望生成具有迪士尼风格形象的画面。

中文关键词：一个来自迪士尼皮克斯动画的3D角色，一个超级可爱的女孩，卷发和蓝色的大眼睛，她穿着黑色的裙子，她有快乐的表情，泡泡玛特，全身，她身后有一片森林，最高品质，快乐，积极，阳光，自然光，美丽的光，3D。

英文关键词：A 3D character from Disney Pixar Animation, a super cute girl with curly hair and big blue eyes, she wears a black dress, she has a happy expression, pop mart, full length shot, there is a forest behind her, best quality, happy, active, sunshine, natural light, beautiful light, 3D –ar 1:2 –v 5.2 –s 600 –q 5.（图4-1-16）

生成的人物造型有着鲜明的迪士尼动画角色风格，同时，AI绘画

图4-1-16

图4-1-17

软件把人物生成了泡泡玛特的立体玩偶造型，呈现出3D效果。接下来，我们去掉关键词“迪士尼”来强化它的立体玩偶风格，尝试创作一个男孩形象。

中文关键词：一个英俊而愤怒的男孩，黑发，oversize服装，时尚风格，一副耳环，AJ鞋，正面，IP，泡泡玛特盲盒，前景，动画效果，干净背景，白色背景，电影照明，8K，最佳质量，超级细节，3D，C4D（3D动画软件），OC（表示虚拟人物），超高清晰度，三维渲染，泡泡玛特

英文关键词：A handsome and angry boy，black hair，oversize clothing，fashionable style，one earring，AJ shoes，front，IP ，pop mart blind box，front view，animation effects，clean background，white background，movie lighting，8k，best quality，super detail，3D，C4D，OC，ultra high definition，3D rendering，pop mart –ar 3:4 –v 5.2 –s 600 –q 5.（图4-1-17）

从这幅画中，我们可以明显看出立体玩偶的造型特点，在关键词中加入了两遍的“泡泡玛特”，这种重复关键词的描述方法可以让AI绘画软件对这条信息的内容更加强化。除了这种方式，我们还可以在泡泡玛特关键词后加入“:: 数字”，数字越大，比重越大，如“popmart:: 2”，部分软件中最大数值为5，这样的方式也可以向AI绘画软件强调这个关键词的重要性。接下来我们继续改变几个关键词，尝试生成出一位知名歌手——贾斯汀·比伯的IP形象。

中文关键词：一个帅气的生气的男孩，黄色的脏辫，oversize服装，时尚风格，一个耳环，AJ鞋，正面，IP，泡泡玛特盲盒，贾斯汀·比伯IP，正面，动漫影像，干净的背景，白色背景，电影光，8K，最佳质量，超级细节，3D，C4D，OC，超高清晰度，3D渲染，泡泡玛特。

英文关键词：A handsome and angry boy，yellow and dirty braids，oversize clothing，fashionable style， one earring, AJ shoes, front, IP, pop mart blind box, Justin Bieber IP, front view, animation effects, clean background, white background, movie lighting, 8k, best quality, super detail, 3D, C4D, OC, ultra high definition, 3D rendering, pop mart -ar 3:4 -v 5.2 -s 600 -q 5.（图4-1-18）

这时画面表现的是贾斯汀·比伯的卡通形象，根据AI绘画软件的理解，生成的人物造型较前一个更倾向于青少年，并且都进行了卡通化的处理。所以在创作人物造型盲盒、手办、IP形象时，我们可以尝试添加自己喜欢的偶像的名字作为关键词，这可能会得到意想不到的效果。如果为了获得大众更加乐于接受的人物形象，不论各种风格的AI绘画都可以尝试添加一些名人、明星的名字作为关键词，这样生成的人物形象往往会产生似曾相识的感觉，从而增添几分亲切感。下面继续生成几幅不同风格的人物肖像。

中文关键词：一个可爱美丽的女孩，明亮的眼睛，粉色的头发，精致的面部特征，洁白的脸，苗条，泡泡玛特颜色，3D角色艺术，数字角色，Octane渲染器，虚幻引擎，高细节，8K，肖像，体积光效，噘嘴

英文关键词：A lovely and beautiful girl , bright eyes, pink hair, Delicate facial features, pale face, skinny , Pop Mart colors, 3D character art, digital character, OC render, Unreal Engine, high details, 8k, portrait, volume lighting, tapir mouth -ar 2:3 -v 5.2.

此次生成的图4-1-19是写实的人物形象，更适合做游戏中的IP。我们再来创作一些带有复杂环境的人物形象，使用前面介绍

图4-1-18

图4-1-19

的Niji·journey中的另一个“画法”：expressive style。

中文关键词：全身的3D艺术品，一个可爱的女孩坐在一个大而柔软的床上，泡泡玛特盲盒，穿着可爱的黄色和紫色的睡裙，她看起来很累，地板上有许多可爱的泰迪熊，泡泡玛特盲盒，黏土材料，明亮和美丽的背景，最好的质量，3D艺术，8K，皮克斯，虚幻，OC渲染，光线追踪，丰富的细节，动画。

英文关键词：The full body 3D artwork of a lovely and beautiful girl sitting in a big and soft bed，pop mart blind box，wearing cute and yellow and purple night skirt，she looks very tired，there are many cute teddy bears on the floor，pop mart blind box，clay material，bright and beautiful background，best quality，3D art，8k，Pixar，unreal，octane rendering，ray tracing，rich details，animation -ar 2:3 -niji 5 -style expressive

在这两幅作品充分体现出Niji·journey 中expressive style的视觉效果，画面完整，空间虚实层次清晰。可以看出expressive style非常擅长生成具有迪士尼动画风格的画面，但从图4-1-20和图4-1-21中可以发现，在女孩身边散落的玩具都或多或少有些不符合逻辑的地方，这也是任何一款AI绘画软件都无法完全避免的问题，所以可以通过反复生成画面或微调关键词的方式找寻自己满意的画面。同时，设计师可以使用其他图像软件，如Photoshop等来对不完美的画面进行调整。下面继续用这种风格来做一个较为复杂的人物形象手办。

图4-1-20

图4-1-21

中文关键词：一个超级可爱的女孩，荧光半透明羽绒服，坐在一个巨大的蛋糕上，拿着游戏机，盲盒，泡泡玛特设计，全身，荧光，钻石光泽，金属纹理，夸张的表情和动作，明亮的光线，晃眼的，黏土材料，机械感，3D，极其精细的，C4D，OC渲染，渲染器，8K，高清。

英文关键词：A super cute girl，fluorescent and translucent feather dress ，sitting on a huge cake，holding a recreational machine，blind box，pop mart design，full body，fluores-cent，diamond luster，metallic texture，exaggerated expressions and movements，bright light，Wobble，clay material，Mechanical sense，3D，ultra-detailed，C4D，octane rendering，blender，8k，HD --ar 2:3 --niji 5 --style expressive

随着关键词的复杂程度逐渐增加，AI绘画软件生成出来的画面越发复杂且灵动。利用AI绘画软件创作一幅人物作品，需要对输入的关键词进行细致的思考，不能仅仅拘泥于简单的人物形象，要考虑人物形象的细节与整体造型之间的关系、人物形象的造型与背景环境之间的关系以及生成的画面与创作主题之间的关系。（图4-1-22至图4-1-24）

图4-1-22

图4-1-23

图4-1-24

四、人像写实摄影画面

前面利用AI绘画软件创作出动漫形象和IP形象，也生成多种绘画风格的写实人物肖像画，下面再尝试生成一些具有奇妙光影的写实摄影画面。

中文关键词：一个美丽的女孩，穿着激光透明PVC纹理服装，害怕的表情，棱镜，美丽和水汪汪的眼睛，灿烂，可爱，梦想，想象，五颜六色的珠宝，肖像，动漫形象，美丽的脸庞，神圣的，透明的长发，美丽的光反射在她的头发上，高度详细，华丽的女孩，黑色背景上的美丽灯光，反射。

英文关键词： A beautiful girl，wearing laser transparent pvc texture clothing ，scared expression ，prism，beautiful and watery eyes，brilliant ，cute，dream，imagine，colorful jewelry ，portrait ，anime character，beautiful face ，sacred，long transparent hair. reflections of transparent iridescent colors on her hair，highly detailed，gorgeous girl，beautiful light on black background，reflect −ar 2:3 −v 5.2 −s 500 −q 5.

这里的两幅画面运用了大量的关键词来描述光影，可以感觉到Midjourney软件对光影的表现细腻且微妙。艺术家和设计师利用AI绘画软件创作作品要充分发挥想象力，对画面进行大胆地描述，通过输入关键词来悉心调整画面关系，反复调试关键词追求画面视觉效果的完美。接下来继续尝试生成人像写实摄影画面。（图4−1−25、图4−1−26）

图4−1−25

图4−1−26

中文关键词： 一幅美丽的图画，一个穿着白色西装的年轻英俊的墨西哥男子躺在花丛中，柔软的头发，许多五颜六色的花在他周围，太阳光，雾，精彩的，梦，幸福，真实，丰富的细节，详细的面部刻画，胶卷照相机，愉快，活跃，晴天，温暖的光，照片。

英文关键词： A beautiful picture，a young and super handsome Mexican man in a white suit lay among the flowers，soft hair，lots of colorful flowers around him，sun light，fog，fantastic，dream，happiness，realistic，rich details，detailed facial depiction，film camera，happy，active，sunny day，warm light，photo −ar 16:9 −v 5.2 −s 250.

上面的画面的关键词中除了加入“胶卷照相机”，还加入对人物周边环境的具体描写，所以这时生成的画面是照相写实效果。在创作类似照相写实作品时，我们可以把周边的花改成小草、树林、街道等任何环境，也可以把画面中间的墨西哥男子改成中国男子、法国男子等不同的人物限定（在这里，我们可以做一个小测试：请根据自己的相貌特征，进行画面描述，在AI绘画软件中输入关键词生成我们自己的写实画像）。（图4-1-27）

图4-1-27

现在我们在人像写实摄影画面的基础上，继续添加赛博朋克风格，这时会得到一种具象写实的虚构画面。画面中写实的人像摄影添加了赛博朋克与金属材质的结合，使生成的画面有着浓厚的超现实的未来科技感。在进行创作时，我们可以参考前面的大量案例，根据已有的关键词进行修改、替换，如将冷光变成暖光，将金属改成木质，AI绘画软件将会生成截然不同的画面效果。

中文关键词：一幅美丽的插图，一个美丽而可爱的女人穿着金属连衣裙，长腿和长发，银色，未来派，虚幻引擎，3D渲染，超高清，V-ray（渲染器），高度逼真，超质量，高分辨率，非凡的细节，难以置信的细节，精致的细节，赛博朋克，背光，冷光，史诗般的照明，光波，清晰的焦点，暴风雨海洋，闪电，蒸汽。

英文关键词：A beautiful illustration，a beautiful and cute woman wears a metal dress，long legs and long hair，silver，futuristic，unreal engine，3D rendering，UHD，V-ray，highly realistic，hyper quality，high resolution，Marvelous Details，Incredible Details，Exquisite Details，cyber punk，back light，cool light，epic lighting，light waves，clear focus，stormy ocean，lightning，vapor -ar 2:3 -v 5.2.（图4-1-28、图4-1-29）

图4-1-28

图4-1-29

五、不同绘画风格的人像画面

利用AI绘画软件生成各种不同风格的人物主题画面，包括西方壁画风格、传统版画风格和中国古代风格等不同风格的人像作品，大家可以参见不同画面的视觉效果，借鉴其中所使用的词汇描述。

1.西方壁画风格

中文关键词：插图，壁画风格，一个非常华丽和多彩的天使，他有白色的翅膀，欧洲风格，自然光，暖色，高对比度，阳光，石膏，特写，对称，照片般逼真，真实，复杂的细节，丰富的细节，美丽的光，神圣的光。

英文关键词：illustration，fresco style，a very gorgeous and colorful angel，he has white wings，Europe style，natural light，warm color，high contrast，sunshine，plaster，close-up，symmetry，photo-realistic，real，intricate details，rich details，beautiful light，holy light --q 2 --v 5.2 --s 750 --ar 16:9.（图4-1-30、图4-1-31）

图4-1-30

图4-1-31

2.传统版画风格

中文关键词：一幅版画，一个可爱的身穿民族服饰的东方女孩正在田里割麦子，民族风格，东方风格，版画风格，流畅的，对比度，阴影，清晰，高清，丰富的细节。

英文关键词：Woodcut，a lovely oriental girl dressed in national costume is cutting wheat in the field，ethnic style，oriental style，woodcut style，smooth，contrast，shadow，clear，HD，rich detail –ar 3:4 –v 5.2 –s 700.（图4–1–32）

图4–1–32

3.中国古代风格

中文关键词：一幅中国画，一个穿着汉服的帅气男孩，长长的头发，周围有很多竹子，闪闪发光，动感十足，细节丰富，中国风，复杂，高度细致，流畅，浪漫，色彩鲜艳，柔和的对比，柔和的颜色，优雅，快乐，充满希望，古代风格。

英文关键词：A Chinese painting，a handsome boy dressed in Hanfu，long hair，surrounded by a lot of bamboo，shining，dynamic，rich details，Chinese style，complex，highly detailed，smooth，romantic，colorful，soft contrast，soft color，elegant，happy，hopeful，ancient style –ar 3:2 –v 5.2 –s 700.（图4–1–33）

图4-1-33

六、不同绘画风格相叠加生成的人像画面

1. 古代人物画＋阿尔丰斯·穆夏风格

中文关键词：一个中国女人，中国古代的衣服，袖子都在她身边飞舞，浮动花和云彩，在有很多仙鹤的公园，一个晴天，发光，动态，丰富的细节，超级五颜六色，中国风，复杂，高度详细，柔顺，玫瑰在周围，8K，渲染，阿尔丰斯·穆夏风格。

英文关键词：A Chinese woman，Chinese ancient clothes，the sleeves are flying around her，floating flowers and clouds，in a park with lots of red-croened cranes，a sunny day，shining，dynamic，rich details，super colorful，Chinese style，complex，highly detailed，smooth，roses around，8k，rendering，Alphonse Mucha style -ar 3:2 -v 5.（图4-1-34）

图4-1-34

2.动漫画风+克劳德·莫奈风格

中文关键词：一个可爱的小女孩躺在一片郁金香田中，全身像，被色彩缤纷的花朵包围，阳光，大的闪闪发光的水汪汪的眼睛，可爱的卷发，后面是瀑布，晴天，动画电影，通透的色彩，复杂的，高清，数字绘画，互补色，和平，欢乐，美丽的大自然，详细的3D动画风格，详细插图，数字艺术，超级详细，克劳德·莫奈风格，艺术趋势，极端艺术，详细3D。

英文关键词：A lovely little girl lying in a field of tulip，fullbody shot，surrounded by colorful flowers，sunshine，big sparkling and watery eyes，lovely curly hair，a waterfall in the background，sunny day，animated movie，transparent color，intricate，HD，digital painting，complementary colors，peaceful，joyful ，beautiful nature，detailed 3D animation style，detailed illustrations，digital art，super detailed，Claude Monet style，detailed 3D −ar 3:2 −niji 5 −s 700.（图4−1−35）

图4-1-35

3.迪士尼画风+毕加索风格

我们尝试一种新的创作方式，对画家已有画作进行描述，作为关键词输入AI绘画软件，观察生成作品的效果，这里以毕加索的画——《女人的半身像》为例进行再创作。在关键词中出现的“:: 2”，代表此关键词的权重为2，这个数值越大，AI绘画软件对此描述的重视程度越大。

中文关键词：一个戴着黄色帽子的美丽的女人，大的眼睛，高挺的鼻子，身上穿着棕色的皮草，傲慢的表情，迪士尼风格，3D人物，毕加索著名画作——《女人的半身像》，正面，中景，超详细的，美学的，美丽的构图，丰富明亮的色彩，体积柔和的灯光，童话故事，虚拟引擎。

图4-1-36

图4-1-37

图4-1-38

英文关键词： A beautiful woman with a yellow hat, big eyes, tall nose, wearing brown fur, arrogant expression, Disney style, 3D character, Picasso's famous painting "bust of a woman" ::2, front view, medium shot, ultra detailed, aesthetic, beautiful composition, rich bright colors, volumetric soft lighting, fairy tales, unreal engine –s 700 –v 5.2 –ar 2:3.（图4–1–36）

4. 漫画画风+赛博朋克风格

中文关键词： 一个留着长发的女水手在海上的轮船上，动漫女孩，大笑，赛博朋克未来主义，浅粉色和金色，水手服，大胆鲜艳的色彩，夜晚，近距离，V–ray（渲染），高清，月光，背光，3D人物，丰富的细节。

英文关键词： A sailor girl with long hair on the ship on the sea, anime girl, laughing, cyber punk futurism, light pink and gold, sailor suit, bold vibrant colors, night, close up, V–ray, HD, moon light, back light, 3D character, rich details –ar 2:3 –niji 5 –s 700.（图4–1–37、图4–1–38）

5. 简笔画风格

中文关键词： 一幅牛仔脸的线条艺术画，连续的线条画，极简主义，孟菲斯的颜色，简单的颜色。

英文关键词： one liner art illustration of a cowboy's face, continuous line drawing, minimalist, Memphis color, simple color, –ar 3:4 –s 940 –v 5.2.（图4–1–39、图4–1–40）

6. 20世纪90年代漫画风格

中文关键词： 雅典娜，太空机器人美丽的女孩，独自站在孤岛上，中心，详细华丽的脸庞，动漫风格，复杂的细节，高度详细，惊人，充满活力，广角，电影，20世纪90年代的动画。

英文关键词： Athena, Space robot beautiful girl, standing alone on the island, centered, detailed and gorgeous face, anime style, intricate detail, highly detailed, breathtaking, vibrant, wide view, cinematic, 90's anime –ar 2:3 –niji 5–style expressive.（图4–1–41）

图4-1-39

图4-1-40

图4-1-41

7.漫画画风+未来主义+赛博朋克风格

中文关键词：一张美丽的插图，未来主义，NFT艺术，荧光色，激光颜色，一个可爱和酷的女孩戴着巨大的耳机，色彩丰富的背景，色彩丰富的阴影，非真实渲染，透明颜色，动画，渲染器，几何艺术绘画。

英文关键词：A beautiful illustration，futurism，NFT art，fluorescent color，a cute and cool girl wearing huge headphones，a very colorful background，colorful shade，non-photorealistic rendering，transparency color，animation，laser，blender，geometry art acrylic painting –ar 3:4 –niji 5 –style expressive.（图4-1-42至图4-1-44）

图4-1-42

图4-1-43

图4-1-44

8.机甲风格

中文关键词：一个美丽的女孩，机械服，冷酷的脸，自然的动作，半体场景，追踪，迪士尼公主，可爱的卡通女孩，3D，星光背景，辛烷值，C4D，IP角色，明亮色彩，高清，超级细节。

英文关键词： A beautiful girl，mech suit，cold face，natural action，halfbody scene，tracer，Disney princess，lovely cartoon girl，3D，star light background，Octane，C4D，IP character，bright color，HD，super detailed −ar 2:3 −niji 5.（图4−1−45）

图4-1-45

本节中，我们通过创作大量风格迥异的人物主题画面，反复输入不同画种、多种画风以及诸多著名艺术家的绘画风格这些关键词，然后生成画面的视觉效果，也总结出很多AI绘画软件进行人像主题绘画的技巧和经验。在AI绘画中，人像主题的创作无尽无休。我们还需尽情地发挥想象力，进行不断地探索与尝试，将心中所想的画面总结成文，边输入关键词，边调试视觉效果，将所想到的艺术风格、画面形式进行融合混搭，创作属于我们自己的新形式，传达出我们独特的新思想。

第二节

不同表现形式的动物绘画

学习过不同表现风格的人物绘画，我们已经掌握了不少AI绘画的关键词和描述方法，对AI绘画软件的操作也较为熟练了。在本节中，我们创作不同表现形式的动物绘画时，会感到轻松容易一些，因为动物的表情、服饰、动作等都比人物要简单得多。下面，我们创作一些不同表现形式和不同绘画种类的动物主题画面，并梳理出创作关键词供大家学习和借鉴。

一、AI动物绘画基础

我们尝试生成一个较为简单的写实的白色猫咪形象，配合较为柔和的逆光效果。

中文关键词：一幅超级美丽的插图，一只超级可爱的胖的长毛的白猫躺在阳台上，阳光，大的绿色的眼睛，反射，晴天，互补色，照片般逼真，超高清，16K，现代照片超级美丽的阳光，彩色的阴影，丰富的细节，最好的质量，特写

英文关键词：A super beautiful illustration，A super cute and fat white cat with long fur lies on a balcony，sunlight，big and green eyes，reflection，sunny day，complementary colors，photo realistic，UHD，16k，modern photography super beautiful sunlight，colorful shadows，rich details，best quality，Closeup –v 5.2 –ar 3:4 –q 5.（图4–2–1）

AI绘画软件很快生成一个柔和阳光下的小猫，接下来可以把关键词中的小猫改成小狗，再来看看生成画面的视觉效果产生了哪些变化。这时生成图4–2–2，一只悠闲地趴在阳台上的小白狗的形象。同样道理，我们不仅可以把关键词改成狗，还可以改成兔子、公鸡、恐龙，甚至是并不真实存在的神奇动物。下面展示一些不同风格的动物画面和它们的关键词。

中文关键词：一幅超级美丽的插图，一只超级可爱的胖白长毛狗躺在阳台上，阳光，大和绿色的眼睛，反射，晴天，互补色，照片般逼真，超高清，16K，现代照片，超级美丽的阳光，彩色的阴影，丰富的细节，最好的质量，特写。

英文关键词：A super beautiful illustration，A super cute and fat white dog with long fur lies on a balcony，sunlight，big and green eyes，reflection，sunny day，complementary colors，photo realistic，UHD，16k，modern photography，super beautiful sunlight，colorful shadows，rich details，best quality，Closeup –v 5.2 –ar 3:4 –q 5.

图4-2-1

图4-2-2

二、不同类型的动物画面

1. 赛博朋克风格的北极熊

中文关键词：机械北极熊，全身，酷，模型，美丽和超级多彩的背景，幻想，创造力，魔法，想象力，透明的颜色，美丽的皮毛，透明和激光，蒸汽朋克，盲盒玩具，精致的面部特征，超级美丽的光，梦想，黏土材料，高细节，最好的质量，工业设计，3D，C4D，3D渲染，Octane渲染，8k，超详细

英文关键词：a mechanical polar bear，the whole body，cool，model ，beautiful and super colorful background，fantasy ，creativity，magic，imagination ，transparent colors ，beautiful fur，transparent and laser，steam punk，blind box toys ，exquisite facial features，super beautiful light，dream，clay materials，high detail，best quality，industrial design，3D，C4D，3D rendering，OC rendering，8k，ultra detailed –ar 3:4 –v 5.2 –s 700 –q 5.（图4-2-3、图4-2-4）

2. 毛绒玩具熊

中文关键词：一个毛绒绒超级可爱的泰迪熊，飘浮在空中，幻想，魔法，美丽的背景，超级美丽的光，可爱的表情，激光绿色的毛，3D身体，梦想，虚幻，概念艺术，

图4-2-3

图4-2-4.

3D，可爱，迪士尼和皮尔斯风格，超级现实，超级详细，8K，美丽的光，反射，彩色光，波。

英文关键词： A plush and super cute teddy bear，floating in air，fantasy，magic，beautiful background，super beautiful light，cute expression，laser green fur，3D body，dream，unreal，concept art，3D，cute，Disney and Pierce style，super realistic，super detailed，8k，beautiful light，reflection，colorful light，wave –v 5 –ar 16:9 –q 5.（图4–2–5）

图4-2-5

3. 花瓣中的小狐狸

中文关键词：一只超级可爱的小白狐狸，毛茸茸的尾巴，大的水汪汪的眼睛，超级美丽的毛皮，魔法，透明的颜色，周围是粉红色的花，花在空中飞翔，超级美丽的天空，反射，NFT艺术，桃花，溪流，雾，超级美丽的光，幻想，美丽的光，阳光，快乐，阳光，超级美丽的影子，柔和的颜色，花瓣，仙女，虚幻引擎，C4D，渲染。

英文关键词：A super cute white fox with fluffy tail，big and watery eyes，super beautiful fur，magic，transparent color，around it are pink flowers，the flowers flying in the air，super beautiful heaven，the reflection，NFT art，Peachblossom，stream，fog，super beautiful light，fantasy，beautiful light，sunlight，happy，sunshine，super beautiful shadow，soft colors，petals，fairy，unreal engine，C4D，rendering −ar 3:4 −v 5.2 −s 700.（图4−2−6）

图4−2−6

三、拟人化的动物画面

1. 穿袍子的小猫

中文关键词：一只拟人化的超级可爱的猫，大的蓝色的水汪汪的眼睛，丰富的细节，穿着长袍，中国传统穿着，中国风格，优雅，喝咖啡，光室，美丽的光，古老，动漫，优雅的颜色，电影，原始，复杂，高质量，复杂的细节，低对比度，丰富的细节，高清，最好的质量。

英文关键词： An anthropomorphic and super cute cat，big and blue and watery eyes，rich details，in a robe，Chinese traditional wearings，Chinese style，elegant，drinking coffee，light room，beautiful light，ancient，anime，elegant color，cinema，raw，intricate，high quality，intricate details，low contrast，rich details，HD，best quality –ar 3:4 –niji 5 – style expressive.（图4–2–7）

图4-2-7

2.老虎巫师

这里我们尝试在Midjourney和Niji·journey中输入完全相同的关键词，比较它们生成的画面有什么异同。首先在Niji·journey中输入。

中文关键词： 全身，拟人化，拟人化的中国老虎穿着女巫服装，墨水风格，惊人的史诗，中国古代主题，武术，中国童话，高度详细，动态，活跃，电影，现实的照明和阴影，美丽的阴影，生动，超级酷，中国风格，激光，充满活力，8K，Octane渲染器，虚幻引擎，非常详细，丰富的细节，概念艺术，现实。

英文关键词： The whole body，anthropomorphism，anthropomorphic Chinese tiger wear witch wearings，ink style，amazing epic，Chinese ancient theme，martial art，Chinese fairy tale，highly detailed，dynamic，active，cinema，realistic lighting and shading，beautiful shadow and shadows，vivid，super cool，Chinese style，laser，vibrant，8k，Octane render，unreal engine，very detailed，rich details，concept art，realistic –ar 5:3 –s 750 –niji 5 –style expressive.（图4–2–8、图4–2–9）

图4-2-8

图4-2-9

我们把相同关键词输入Midjourney的v5模式中，此时可以发现相同关键词生成的画面具有完全不同的视觉效果。我们在创作AI作品时可以在Midjourney和Niji·journey之间灵活转换，可能会获得自己更为喜欢的画面。

英文关键词： The whole body，anthropomorphism，an anthropomorphic Chinese tiger wear witch wearings，ink style，amazing epic，Chinese ancient theme，martial，Chinese fairy tale，highly detailed，dynamic，active，cinema，realistic lighting and shading，beautiful shadow and shadows，vivid，super cool，Chinese style，laser，vibrant，8k，Octane render，unreal engine，very detailed，rich details，concept art，realistic −ar 5:3 −s 750 −v 5.（图4−2−10、图4−2−11）

图4−2−10

图4−2−11

3.太极兔子

这里尝试创作一幅具有中国画风格的动物画面，想象一只兔子在山中打太极拳作为画面的主体。

中文关键词： 一只正面的兔子人在山峰上打太极拳，太极拳动作，功夫，兔子的身后是群山，写意，水墨画，中国风，缥缈，飘逸，山水画，中间构图，俯视，广角，错综复杂的细节，明暗分明，仙气缭绕，渲染效果，雾气朦胧，黑白，尺寸为2∶3。

英文关键词： A rabbit man on the front does Tai Chi on the mountain, Tai Chi action, kung fu, behind the rabbit are the mountains, ink painting, freehand brushwork in traditional Chinese painting, Chinese style, ethereal, elegant, landscape painting, middle composition, overlooking, wide angle, intricate details, clear light and shade, ethereal mist, rendering effect, fog hazy, black and white –ar 2:3.（图4–2–12）

图4–2–12

四、丰富多样的拟人化小动物

1. 拟人化鹦鹉

中文关键词： 一个超级可爱的机械鹦鹉男孩，荧光，半透明，透明颜色的大外套，外套是蓝色和粉红色，盲盒，泡泡玛特设计，全身，荧光，全息，钻石光泽，超级美丽，梦想，概念艺术，金属纹理，夸张的表情和动作，明亮的光线，材料，丰富的细节，最好的质量，C4D，Octane渲染，渲染器，8K，高清。

英文关键词： A super cute mechanical parrot boy, fluorescent, translucent, with a big transparent color coat, the coat is blue and pink, blind box, pop mart design, full body, fluorescent, holographic, diamond luster, super beautiful, dream, concept art, metallic texture, exaggerated expression and movements, bright light , material, rich details, best quality, C4D, octane rendering, blender, 8k, HD –ar 3:4 –niji 5 –style expressive.（图4–2–13）

图4–2–13

2. 机甲风格老鼠

中文关键词：一个很酷的霓虹色的老鼠穿着未来的机械，飞，盲盒，皮克斯，柔和的颜色，干净的背景，自然光，现实的灯光和阴影，最佳画面和超细节，全身透视，3D，C4D，OC渲染器，光线追踪，8K，高清。

英文关键词：A cool neon mouse wearing a future mech，flying，blind box，Pixar，pastel color，clean background，natural light，realistic lighting and shading，the best picture and ultra-detail，whole-body perspective，3D，C4D，Octane render，ray tracing，8k，HD，-ar 3:4 -niji 5.（图4-2-14、图4-2-15）

图4-2-14

图4-2-15

3. 黏土风格兔子

中文关键词：盲盒设计，长毛的小兔子，黏土，坐在饼干上，幻想，泡泡玛特，泡沫，气球，柔光，柔和的颜色，搅拌机3D，柔和背景，超级可爱，高清，NFT艺术。

英文关键词：Blind box design，the little rabbit with long fur，clay，sitting on a cookie，fantasy，pop mart，bubble，balloon，soft light，soft color，blender 3D，soft background，super cute，HD，NFT art -ar 3:4 -niji 5 -style expression.（图4-2-16、图4-2-17）

图4-2-16

图4-2-17

4. 羊毛毡风格小羊

中文关键词：一只奇怪的卡通小羊羔，超级胖和可爱，吃东西，毛毡，针毡，高清，3D，IP设计，超级可爱，超高清，OC，C4D

英文关键词：A weird cartoon small lamb，super fat and cute，eating things，made of felt，needle felt，HD，3D，IP design，super cute，UHD，OC，C4D –v 5.（图4-2-18、图4-2-19）

图4-2-18

图4-2-19

5. 迪士尼风格小兔

中文关键词：一个冬天，下雪，一只超级可爱的小皮克斯黑色仙兔，闪亮的，毛茸茸的，明亮的蓝色的大眼睛，蓬松的尾巴，穿着蓝色毛衣，戴着粉红色的帽子，微笑，精致的，童话故事，难以置信的高细节，皮克斯风格，明亮的颜色，自然光，简单的背景纯色，Octane渲染器，流行的艺术，华丽，超广角，8K，高清逼真，最好的质量。

英文关键词：A winter day，snowing，a super cute baby Pixar–style black fairy rabbit，shiny，fluffy，big bright and blue eyes，fluffy tail，wearing a blue sweater，wearing a pink hat，smile，delicate，fairy tale，incredibly high detail，Pixar–style，bright colors，natural light，simple background with solid colors，octane render，popular on artstation，gorgeous，ultra wide angle，8k，HD realistic，best quality –ar 3:4 –s 700 –v 5.（图4–2–20、图4–2–21）

图4–2–20

图4–2–21

6. 小狗武士形象

中文关键词：黑色背景，带着刀和剑的超级酷的可爱的狗，写实与超写实风格详细的渲染图，震撼人心的海洋场景，莫兰迪色，真实的特征，特写，多莉·凯。

英文关键词：With black background，the super cool and cute dog with the saber and sword，in the style of realistic and hyper，detailed renderings，transfixing marine scenes，morandi color，realistic features，closeup，dolly kei –ar 4:7 –niji 5 –style expressive –s 180.（图4–2–22、图4–2–23）

图4-2-22

图4-2-23

7. 游戏画风中国龙

中文关键词：中国龙，巨大的，阮佳风格的复杂电脑绘画，巨物恐惧症，概念游戏设计插图，全龙，极低景，8K，高清，超级酷，中国风，风，雾气，雨，广角。

英文关键词：Chinese dragon，gigantic，by Ruan Jia Complex CG painting，Megalop-hobia，concept game design illustration，Full dragon，extreme bottom view，8k，HD，super cool，Chinese style，wind，fog，rain，wide view –ar3:4 –v 5.（图4-2-24）

图4-2-24

8. 民族风格骏马图

中文关键词：一张很美的藏族风格的插画，一匹穿着藏族服饰的马在山谷中飞跃，在色彩缤纷的纹理背景，Temmie Chang风格中国文化主题，风格，复杂的服装，充满活力的新传统，平面的，色彩缤纷的，具有藏族颜色风格的，高清的，最高的质量，美丽的颜色搭配，丰富的细节。

英文关键词：A beautiful Tibetan-style illustration, a horse in Tibetan costume flying in the valley, in the style of colorful gradients traditional textured background, Temmie Chang, Chinese cultural themes, 2D, intricate costumes, vibrant neo-traditional, Colorful, with Tibetan color style, high-definition, the highest quality, beautiful color collocation, rich details -ar 3:4 -niji 5 -style expressive.（图4-2-25、图4-2-26）

图4-2-25

图4-2-26

9. 玻璃水母

中文关键词：水母，机械零件，透明外壳，现实主义，自然照明，使用彩色塑料，工业设计，包豪斯，精细分析，荧光的，丰富的颜色，塑料，透明，黑色背景，工作室照明，透明玻璃，8K，高清，超详细，反射。

英文关键词：Jellyfish, mechanical parts, transparent case, realistic, natural lighting, use coloured plastic, industrial design, Bauhaus, fluorescent, rich colours, plastic, transparent, black background, studio lighting, clear glass, 8k, HD, super detailed, reflection -ar 3:2 -v 5 -s 700.（图4-2-27）

图4-2-27

10. 玻璃海豚

在上一个画面的基础上，我们可以把关键词“水母”改成“海豚”，看一下效果。

中文关键词：海豚，机械零件，透明外壳，现实主义，自然照明，有用彩色塑料，工业设计，包豪斯，荧光的，丰富的颜色，塑料，透明，黑色背景，工作室照明，透明玻璃，8K，高清，超详细，反射。

英文关键词：dolphin，mechanical parts，transparent case，realistic，natural lighting，use coloured plastic，industrial design，Bauhaus，fluorescent，rich colours，plastic，transparent，black background，studio lighting，clear glass，8k，HD，super detailed，reflection –ar 3:2 –v 5 –s 700.（图4–2–28、图4–2–29）

图4-2-28

图4-2-29

11. 拟人化变色龙盲盒

中文关键词： 盲盒风格，全身，精致的特点，金属的纹理，干净和透明，自然光，Octane渲染器，变色龙，没有人，五颜六色，巨大的粉色眼睛，强壮的鳞片，干净的背景，明亮的彩虹色亮点，高清，丰富的细节。

英文关键词： Blind box style, full body, delicate features, metal texture, clean and transparent, Natural lighting, OC render, chameleon, no people, colorful, huge pink eyes, strong scales, clean background, bright iridescent highlights, HD, rich details --ar 3:4 --niji 5 --style expressive.（图4-2-30、图4-2-31）

图4-2-30

图4-2-31

图4-2-32

图4-2-33.

图4-2-34

12. 金镶玉龙

除了在动物种类上的尝试和改变，我们还可以尝试不同质感的动物插画。

中文关键词：超细节图案的3D渲染，中国龙画，站在绿色的玉石制作而成的森林上，珠宝，复杂的细节，电影灯光，金包玉，聚焦人物设计，超高清，丰富的细节，超级优雅，美丽，丰富，中国风格。

英文关键词：3D rendering of its ultra-detailed-patterns, Chinese dragon painting, standing on a forest made of green jade, jewelry, intricate details, cinematic lighting, golden bag jade, focusing on character design, UHD, rich details, super elegant, beautiful , rich, Chinese style –ar 3:4 –v 5 –s 500.（图4–2–32）

13. 塑料袋鸭子

中文关键词：充气和可爱的鸭娃娃由彩色塑料袋制作，白色背景，透明的颜色，反射，周围是垃圾，泡泡玛特，超级可爱，梦想，概念艺术，超高清，透明，半透明介质，气球充气物品包装，垃圾袋，V-ray，8K，C4D，OC。

英文关键词：Inflatable and cute duck doll made of colorful plastic bags, white background, transparent color, reflection, surrounded by garbage, pop mart, super cute, dream, concept art, UHD, transparent, translucent medium, Balloon inflatable item packaging, garbage bags, V-ray, 8k, C4D, OC –ar 3:4 –v 5 –s 200.（图4–2–33、图4–2–34）

14. 扁平风格动物插画

中文关键词：一张保护动物的插画，扁平插画，可爱的熊猫在吃竹子，可爱的大象在奔跑，树林中有可爱的狐猴在蹦跳，天空中有小鸟，大树，树林，湖水，蓝色的，绿色的，简单的扁平的背景，中心构图，明亮的可爱的颜色，超高清，4K。

英文关键词：A protective animal illustrations, flat

图4-2-35

illustration, lovely panda eating bamboo, the lovely elephant in the running, the woods have the lovely lemur in the jump, the birds in the sky, trees, woods, lake, blue, green, simple flat background, center composition, bright lovely color, UHD, 4K-ar 3:4 -niji 5.（图4-2-35）

15. 中国风仙鹤插画

中文关键词：一只仙鹤，中国风插画，白色调，神话传说，缥缈的，神奇的，精致的细节，柔和的颜色，明亮的，美丽的，中国风，神仙，飘荡的云彩，雾气，丰富的细节，美丽的阴影和光泽，意境美，詹姆斯·简。

英文关键词：A crane, Chinese style illustration, white tone, myth and legend, ethereal, magical, delicate details, soft colors, bright, beautiful, Chinese style, immortal, floating clouds, fog, rich details, beautiful shadows and luster, beautiful artistic conception, James Jean -ar 16:9 -niji 5 -style expressive.（图4-2-36至图4-2-38）

图4-2-36

图4-2-37

图4-2-38

第三节
不同表现题材的场景绘画

我们学习了不同表现风格的人物绘画和不同表现形式的动物绘画，现在我们运用AI绘画软件生成不同表现题材的场景绘画。在本节中，我们学习通过关键词描述生成自然风景画面，风景绘画，创意空间画面，游戏、动漫场景画面等不同表现、题材的风景和场景。

创作风景、场景主题作品与创作人物和动物主题作品的方法、原理基本相同。同样是把自己前期已经在脑子里构思好的画面用文字（关键词）描述出来，输入到AI绘画软件的对话框中，由AI绘画软件自动生成图片。这里我们分为自然风景、艺术家笔下的风景、中式古代场景、艺术化场景及创意场景5个不同题材类型的内容来展示风景、场景作品的创作方法，并罗列出关键词供大家借鉴和学习，便于总结出这一类型作品整体创作规律。

一、自然风景

首先我们构思一个冬日里的雪景，画面中有层层的山峦和茂密的树林，整体氛围平静和谐。然后将这个画面用关键词概括，添加细节的描述及光线、氛围与风格的设定，并排列好词语顺序，整理如下。

中文关键词：一幅美丽的插画，冬天，一个树林中有很多的松树，冰冻的小溪，雪山，柔和的色调，柔和的光线，白色的雪，高清，美丽的光线，复杂的细节，黄色、绿色的树叶，和谐的画面，舒服的光线，静谧，柔和，美丽，安静，最高的质量，Ryo Takemasa风格。

英文关键词：A beautiful illustration，winter，a forest has a lot of pine trees，frozen streams，snow mountains，soft tone，soft light，white snow，HD，beautiful light，complex details，the yellow，green leaves，harmonious picture，comfortable light，quiet，soft，beautiful，quiet，the highest quality，Ryo Takemasa style –v 5 –ar 3:4 –q 5 –s 700.（图4–3–1、图4–3–2）

二、艺术家笔下的风景

1. 凡·高风格火山湖

借助于画家凡·高的绘画风格，充分体现出他用色、用笔的艺术魅力，描绘出火山湖

图4-3-1

图4-3-2

的夜晚景色。

中文关键词：一幅插图，火山口中的湖，后面是深蓝色的天空和星星，凡·高，科幻艺术，未来的艺术，彩色，夜晚，美丽的光，美丽的色彩，高清，梦幻，广角，丰富的细节，流星。

英文关键词：An illustration，lake in a volcanic crater，behind is the dark blue sky and stars，Van Gogh，si-fi art，future art，colorful，night，beautiful light，beautiful colors，HD，dreamy，wide angle，rich details，meteor -ar 3:4 -v 5 -q 5.（图4-3-3至图4-3-5）

图4-3-3

图4-3-4

图4-3-5

2. 阿尔丰斯·穆夏风格火山湖

此画在保持上一幅画面主题和整体内容不变的基础上，变换不同的艺术家绘画风格，将前面关键词中的“凡·高”改成“阿尔丰斯·穆夏”。此时，AI绘画软件生成的画面和上一幅作品相比构图和主体景物都变化不大，而两位艺术家的绘画风格在笔触和色调上发生了迥异的变化，形成截然不同的作品。

英文关键词： An illustration，lake in a volcanic crater，behind is the dark blue sky and stars，Alphonse Mucha，si-fi art，future art，colorful，night，beautiful light，beautiful colors，HD，dreamy，wide angle，rich details，meteor --ar 3:4 --v 5 --q 5.（图4-3-6、图4-3-7）

图4-3-6

图4-3-7

由前面案例可见，在其他关键词完全不变只改变艺术家名字的情况下生成的画面即使内容近似，其画面效果也是截然不同的。我们在创作时，可以通过改变艺术家来探索自己喜欢的画面效果。下面生成两幅画风差异很大的作品，选取克劳德·莫奈和草间弥生两位艺术家的表现风格生成的风景画，感受不同的绘画审美。

3.克劳德·莫奈风格海市蜃楼

中文关键词： 这是一幅印象派绘画，描绘的是日落时的海市蜃楼，天空上是迷幻的色彩，金属光泽的建筑和彩色光相呼应，构图侧重于光线、颜色和纹理的相互作用，梦幻，温暖，怀旧，时间，受克劳德·莫奈的启发，柔和，焦点，难忘，丰富的色彩，梦幻的光，透明的云彩，海上的雾气，最高的品质，复杂的细节，高清。

英文关键词： This is an impressionist painting，depicting a mirage at sunset，the sky is psychedelic color，metallic architecture and color light echo，composition focuses on the interaction of light，color and texture，dreamy，warm，nostalgia，time，inspired by Claude Monet，soft，focus，memorable，rich color，dreamy light，transparent clouds，the sea fog，the highest quality，complex details，high definition --ar 4:3 --v 5.2.（图4-3-8）

图4-3-8

4.草间弥生风格城市风景画

中文关键词：一幅美丽的插画，点矩阵城市风景，小彩点，上海城市风景画，高楼大厦，河流，广角，丰富的色彩，可爱，装饰，丰富的细节，活力，活泼，概念艺术，缤纷的，草间弥生风格。

英文关键词：A beautiful illustration，dot matrix cityscape，small color dots，Shanghai city landscape painting，tall buildings，rivers，wide angle，rich colors，lovely，decoration，rich details，vitality，lively，conceptual art，colorful，Yayoi Kusama style –v 5 –ar 3:4.（图4–3–9至图4–3–11）

图4-3-9

图4-3-10

图4-3-11

三、中式古代场景

通过这几幅画，我们感觉到AI绘画软件可以生成具有混合风格的风景画。因此，我们可以尝试将多种艺术风格相融合，生成自己独特的风景画作品。下面尝试把中国古代建筑与山水场景相融合生成画面。

中文关键词： 赛博朋克中国风，概念艺术，湍急的闪着光的瀑布，一座金属桥，一棵树，一些房子，小溪，河流，雨天，柔和的色彩，超级优雅，中式风格，美丽，漂亮的光线，特殊的阴影，高清，飘浮的云，风，雾，烟，孤独，悲伤，丰富的细节，赛博朋克，激光，金属光泽，现代感和古代的结合。

英文关键词： Cyber punk Chinese style，concept art，a swift，light-flashing waterfall，A metal bridge，a tree，some houses，stream，river，rainy，soft colors，super elegant，Chinese style，beautiful，pretty light，special shadow，HD，floating clouds，wind，fog，smoke，lonely，sad，rich details，cyber punk，laser，metallic luster，modern sense and ancient combination -ar 16:9 -v 5.（图4-3-12、图4-3-13）

图4-3-12

图4-3-13

下面把上述关键词中赛博朋克风格改成迪士尼风格，其他描述不变，观察画面的细微变化。

关键词： Disney and Chinese style，concept art，a swift，light−flashing waterfall，a metal bridge，a tree，some houses，stream，river，rainy，soft colors，super elegant，Chinese style，beautiful，pretty light，special shadow，HD，floating clouds，wind，fog，smoke，lonely，sad，rich details，Pixer，laser，metallic luster，anime and ancient combination −ar 16:9 −v 5.（图 4−3−14、图 4−3−15）

图4−3−14

图4−3−15

我们可以看出，图 4−3−14 和图 4−3−15 具有明显的迪士尼动画场景风格。

接下来继续尝试用Niji·journey生成具有中国古代建筑特色的画面。

中文关键词 1： 水和墨水风格，惊人的史诗，中国古代主题，幻想风格，武术风格，寺庙，中国神话故事，高度详细，动态表达，干净的线条，电影灯光和阴影，生动，充满活力的，8K，Octane渲染器，虚幻引擎，非常详细的，概念艺术，现实，哭泣引擎，高清。

英文关键词1：Water&ink style，amazing epic，Chinese ancient theme，fantasy style，martial arts style，temple，Chinese fairy tale，highly detailed，dynamic expressive，clean lines，cinema lighting and shading，vivid，vibrant8k，octane render，unreal engine ，very detailed ，concept art，realistic，cry engine，HD –niji 5 –ar 16:9 –style expressive.（图4–3–16）

图4–3–16

中文关键词2：一幅中国古代建筑超现实CG渲染的超美插画，在夜晚，又大又美丽的凤凰飘浮在天空中，月亮是银色的，天空布满了星星，虚幻，梦幻，雾，美丽的光，概念艺术，优雅，中国风格。

英文关键词2：A super beautiful illustration of a surreal CG rendering of ancient Chinese architecture，at night，the big and beautiful fenghuang floats in the sky，the moon is silver，and the sky is full of stars，unreal，dreamy，foggy，beautiful light，concept art，elegant，Chinese style –ar 2:3 –niji 5–expressive style.（图4–3–17、图4–3–18）

图4–3–17

图4–3–18

四、艺术化场景

图4-3-19

图4-3-20

图4-3-21

图4-3-22

1. 极简主义风景

中文关键词： 一幅插画，极简主义，矢量景观，一架飞机正在起飞，背后是晚霞，数字艺术，平，不透明的颜色，Octane渲染，体积照明，干净的线条，坚硬的阴影，大对比，高清，最好的质量。

英文关键词： An illustration, Minimalistic, vector landscape, a plane is taking off, and behind it is the sunset glow, digital art, flat, opaque colors, Octane render, volumetric lighting, clean line, hard shadows, big contrast, HD, best quality --ar 16:9--v 5--q 5.（图4-3-19至图4-3-22）

2. 古诗词里的风景

这里进行一个有趣的尝试，我们将古诗词进行英语翻译后，直接输入进Midjourney绘画软件，看看生成的画面是否与诗词意境相吻合。我们选择一首杜甫的《望岳》翻译后输入关键词。下面是几次测试后挑选出来的4个画面。

中文关键词： 岱宗夫如何？齐鲁青未了。造化钟神秀，阴阳割昏晓。荡胸生曾云，决眦入归鸟。会当凌绝顶，一览众山小。

英文关键词： I stand and gaze toward the mountain peak, where once I yearned to tread and seek. But my old age and failing health, prevent my journey and sap my wealth. The Dang Mountain soars to the sky, its sight fills my heart with sigh. From its height the river looks through, as it runs and winds its way anew. I sigh for the heroes of old, whose spirits brave and strong and bold, made countless journeys to its crest, and left their footprints on its heart. Alas! I cannot join their ranks, nor see the mountain's wooded flanks. All I can do is raise my hand, and take my leave of this grand land –ar 16:9 –niji 5.（图4–3–23、图4–3–24）

图4-3-23

图4-3-24

五、创意场景

下面展示10个不同主题、不同类型的空间环境画面，是充分发挥想象力，并借助AI绘画软件建造出的各种奇思妙想、不可思议的场景。随着对AI绘画软件熟练的掌握，仿佛真的可以通过每个画面使我们梦想成真！

1. 异世界

中文关键词：一幅超美的插画在地平线上的维度碰撞，天界美学，色彩丰富的，戏剧性的灯光，超现实主义，黑暗的幻想，蒸汽朋克，8K，未来主义，天马行空的风格，异世界，高清，最佳质量。

英文关键词：A super beautiful illustration, a collision of dimensions at the horizon, celestial aesthetics, colorful, dramatic lighting, ultra realism, dark fantasy, steam punk, 8k, futurism, a powerful and unconstrained style, different world, HD, best quality –v 5 –ar 16:9.（图4–3–25、图4–3–26）

图4–3–25

图4–3–26

2. 古堡内部的卧室

中文关键词：古堡内的一间卧室，有漂亮而多彩的窗户，装饰着花盆和鲜花，蒸汽波，窗户的外面是多彩的城市景观，静谧的，高清的，神秘感，特别的色彩，美丽的阴影，丰富的细节，美丽的光线，梦幻的光线。

中文关键词：A bedroom inside of an old castle with beautiful and colorful windows, decorated with planters and flowers, vaporwave, outside of the windows is a colorful city landscape, quiet, high-definition, mysterious, special colors, beautiful shadows, rich details, beautiful light, dreamy light -ar 2:3 - v 5.（图4-3-27、图4-3-28）

图4-3-27

图4-3-28

3.太空飞船

中文关键词：巨大的太空堡垒，星际飞船，科幻艺术，超现实主义，广角，8K，现实，最好的质量，复杂的细节，黄金增强照明，强大的边缘光，黄昏，极其详细的，复杂的细节，杰作，原始照片，电影，细节，尖锐的焦点，高分辨率，梦幻的。

英文关键词：Giant space fortress, interstellar spacecraft, sci-fi art, surrealism, wide angle, 8k, realistic, best quality, intricate details, golden hour lighting, strong rim light, at dusk, extremely detailed , complex details, masterpiece, raw photo, film, finely detail, sharp focus, hi-res, dreamy -niji 5 -ar 2:3 -style expressive.（图4-3-29、图4-3-30）

4.蘑菇城堡

中文关键词：一个魔法森林里面有魔法城堡，巨大的蘑菇，可爱的七星瓢虫，魔法城堡上面有五颜六色的玻璃窗，梦幻的色彩，童话插画风格，儿童绘本，浪漫的，可爱的，轻松的，开心的，不真实的，高清的，复杂的细节，甜蜜的。

图4-3-29

图4-3-30

英文关键词： A magic forest with magic castle，huge mushrooms，lovely seven star ladybug，magic castle with colorful windows，dreamy colors，fairy tale illustration style，children’s picture books，romantic，lovely，relaxed，happy，unreal，high definition，complex details，sweet–v 5 –ar 3:4 – s500 –q 5.（图4–3–31、图4–3–32）

图4-3-31

图4-3-32

我们在AI绘画软件中描述出心中的建筑，把想象转化为视觉的真实，同时可以进行不断地变化，不断地推陈出新。下面来改变一下城堡的材质，获得一种新的空间感受。

中文关键词：一个魔法森林里面有饼干制作的魔法城堡，魔法城堡上的玻璃由糖果制作，城堡旁边的溪流是果汁，植物是巧克力做的，梦幻的色彩，童话插画风格，儿童绘本，浪漫的，可爱的，轻松的，开心的，不真实的，高清的，复杂的细节，甜蜜的。

英文关键词：A magical forest has a magical castle made of cookies, the glass on the magical castle is made of candy, the stream beside the castle is juice, the plants are made of chocolate, dreamy colors, fairy tale illustration style, children's picture books, romantic, lovely, relaxed, happy, unreal, high definition, complex details, sweet−v 5 −ar 3:4 −s 500 −q 5.（图4−3−33、图4−3−34）

图4−3−33

图4−3−34

我们把相同的关键词放入Niji·journey进行尝试，观察视觉效果的变化。

关键词：A magical forest has a magical castle made of cookies, the glass on the magical castle is made of candy, the stream beside the castle is juice, the plants are made of chocolate, dreamy colors, fairy tale illustration style, children's picture books, romantic, lovely, relaxed, happy, unreal, high definition, complex details, sweet−niji 5 −ar 3:4 −s 500 −q 5 −style expressive.（图4−3−35至图4−3−37）

5.机器人工厂

中文关键词：一个机器人工厂，很多机器人站着，金属光泽的镜子，钻石，科幻，虚幻，概念艺术，虚幻的领域，光环，闪电，梦幻，雷内·马格里特风格。

图4-3-35

图4-3-36

图4-3-37

英文关键词： A robot factory，lots of robots are standing，Metallic glossy mirror，diamonds，sci-fi，unreal，concept art，illusory realm，halo，lightning，dreamy，Rene Magritte style -v 5 -ar 16:9.（图4-3-38、图4-3-39）

图4-3-38

图4-3-39

6. 海上的圣家族教堂

中文关键词： 用冰做成的圣教堂漂浮在大海上，安东尼奥·高迪风格，七彩的教堂，丰富的细节，超广角，居中构图，壮观，丰富多彩的光，太阳光，反射，幻想，复杂的细节，高清，真实，美丽的光，美丽，体积光，闪亮，3D，炫彩，渲染，开心，充满希望的，精致，钻石光。

英文关键词： Made of ice sagrada familia church floating on the sea，Antonio Gaudi style，colorful church，rich details，ultra wide angle，center composition，spectacular，colorful，light，sunlight，reflective，fantasy，complex details，HD，real，beautiful light，beautiful，volume light，shiny，3D，colorful，rendering，happy，hopeful，delicate，diamond light -ar 16:9 -v 5.2 -q 2 -s 750.（图4-3-40）

图4-3-40

7.树洞展览馆

中文关键词：一个在城市中心的用金属做的树洞形状的展览馆，原始社会主题展馆，这个展厅有很多的窗户，从窗户里面长出很多绿色的植被和鲜花，在展馆的四周是高楼大厦，广角，体积光，对称构图，中心构图，高对比度，自然光，层次光，阴影效果，反射，映射光，黄金时段光，8K，高清，超逼真的，详细的细节，注重细节，现代，科幻，明亮，充满希望的，比例16：9。

英文关键词：An exhibition hall in the shape of a metal tree hole in the center of the city, original society theme pavilion, the exhibition hall has a lot of windows, a lot of green vegetation and flowers grow from inside the windows, around the exhibition are tall buildings, wide angle, volume light, symmetrical composition, central composition, high contrast, natural light, hierarchical light, shadow effect, reflection, mapping light, prime-time light, 8k, HD, super realistic, detailed detail, attention to detail, modern, science fiction, bright, hopeful –ar 16:9.（图4-3-41）

图4-3-41

中文关键词：在一个地下城市的一个洞穴内，三座小城市建筑以明亮的红色黏土为主要的材料设计，窗户是明亮的绿色玉色，屋顶布满了生长的雨林，丰富的植物，在街道前面，旁边是一个明亮的蓝绿色的水池塘，阳光来自一个洞穴内的九个小洞，瓦比－萨比，斯弗马托风格，扩散，建筑。

英文关键词：Inside a cave in an underground city three small city buildings with bright red clay as prime material for the design, windows are bright green jade−like color, the rooftop is filled with growing rain forest like abundant flora. In front of the street next to a bright turquoise blue water pond, sunlight comes from nine small exposed holes with a blue yellow bright hue inside a cave, wabi−sabi, sfumato style, diffusion, architecture −ar 2:3 −q 2 −s 750 −v 5.2.（图4−3−42）

图4-3-42

中文关键词：建筑由几个树干融合在一起，自然不断增长，超过15m的树，有绿叶的树枝和丰富的绿叶，有人住在由这座建筑建造的小公寓里，树干长着小树枝，树枝上有巢穴，在一个岛上的背景只显示水和明亮的绿色色调的阳光，景观、鸟眼、建筑、幻想。

英文关键词：A building made of several tree trunks fused together, by growing constantly nature, over 15 meters, the top of the tree, has very leafy branches with abundant green leaves, there are people living inside small apartments made from the building, with small branches growing out from the trunk where nests are on top of the branches, on an island the background only shows water and bright green hue from the sunlight. Landscape, bird eye, architecture, fantasy −ar 1:2 −v 5.（图4−3−43）

图4-3-43

8.海上充气展览馆

中文关键词：夸张的大型充气黄色商店在大海上，建筑设计，内部蓝色荧光灯，透明，未来，科学，极长野生镜头，航拍，宽视图，高清，逼真，高角度。

英文关键词：Exaggerated large inflatable yellow store on a sea，building design，blue fluorescent inside，transparent，futuristic，science，extremely long wild shot ，aerial shot，wide view，HD，realistic，high angle –ar 16:9.（图 4–3–44）

图4-3-44

9.流水别墅设计工作室

中文关键词：一个房间在河上，电影风格，闪亮，阳光，彩虹，落水，弗兰克·劳埃德·赖特，设计工作室，在房间的中心只有一个清晰的玻璃隔间和一个电视里面的隔间，隔间周围有桌子，旁边有8个人站着工作，扩散，建筑设计，科学，3D，高细节，宽视图，超现实主义，色彩。

英文关键词：A room on top of a river，cinema style，shining，sunlight，rainbow，falling water，Frank LIoyd Wright，design studio，in the center of the room there is only one clear glass cubicle with a single TV inside of the cubicle，surrounding the cubicle there are desks next to each of them，eight people standing and working，diffusion，architecture design，science，3D，high details，wide view，hyper realism，hue –ar 16:9 –v 5.2 –q 2 –s 750.（图 4–3–45、图 4–3–46）

10.飞船设计工作室

中文关键词：一个有着飞船外形的建筑，一个设计工作室，内部像太空舱一样，外部有向外鼓出的粉色大窗，里面有两个人在画图，墙上都是图纸，建筑设计，室内设计，夜

图4-3-45

图4-3-46

晚，明亮的灯光，弗兰克·盖里风格，科技感，五颜六色，体积光，透明，美丽的光线，高科技，赛博朋克，鱼缸，彩色的金鱼，中国风，透明的玉石，水波纹，可爱的，梦幻，雾气。

英文关键词： A building with the appearance of a airship, a design studio, internal like a capsule, the outer outward pink window, there are two people drawing pictures inside, There are drawings on the walls, architectural design, interior design, night, bright lights, Frank Geary, sense of science and technology, colorful, volume light, transparent, beautiful light, high-tech, cyber punk, fish tank, colorful goldfish, Chinese style, transparent jade, water ripple, lovely, dream, fog –ar 16:9 –v 5.2 –q 2 –s 750.（图4-3-47、图4-3-48）

图4-3-47

图4-3-48

第五章

画面的审美——AI绘画的构成元素

人工智能绘画的普及势必会促进艺术的发展。AI绘画软件既降低了绘画的门槛，又大大提高了图像生成效率。每位美术爱好者即使毫无专业基础，也可通过对理想画面的描述总结为关键词，生成属于自己的画作。可以说，AI绘画软件为具有想象力和创新力的每个人提供了崭新的创作渠道。很多美术爱好者在创作过程中，常常觉得几番调整后的画面仍欠缺美感，色彩搭配不够和谐，或者整体缺少层次感，画面总是缺乏一些“艺术性”。这种疑惑往往出现在美术知识较少的初学者身上，归根结底，主要原因在于缺少对画面的色彩调配知识、构图组织原理以及画面控制能力等专业美术知识、美学素养，所以在本章中，我们从画面构成原理、画面元素、构图组织和色彩调配几方面，学习AI绘画软件所涉及的美术理论及应用技巧。

第一节

AI绘画中的构成原理

画面的构成原理作为一项基础知识，经常被美术初学者忽视。然而，对于画面的整体效果而言，其往往发挥着至关重要的作用。构成是画面的基本框架，体现了画面的整体均衡、空间安排、形体处理、色块构成、主次节奏等关系。画面的构成除了应当遵循整体均衡的原则，还需要考虑画面的构成效果、空间关系、视角变化、色彩搭配、横竖形式等，讲究颇多。

美术构成原理的主要内容通常也被概括为“三大构成”，包括平面构成、立体构成及色彩构成。简而言之，平面构成主要体现在二维空间范围内，以美的视觉效果对元素、图形进行编排和组合，其是以理性和逻辑推理来创造形象、研究形象与形象之间的排列的方法。色彩构成是利用色彩的相互作用，从人们对色彩的感知出发，以科学分析的方法，把复杂的色彩还原成基本的要素，利用色彩的特征和性质，按照一定规律去组合构成，以创造出新的色彩效果的过程。立体构成则是普遍使用各种材料将造型要素按照美的原则组成新立体结构的过程，其构成是点、线、面、体、色彩和空间诸方面的结合。

在构成原理中，平面构成及色彩构成原理在AI绘画中运用颇多；掌握好平面构成、色彩构成原理，能够帮助创作者对作品全面构思、整体把握，使画面的艺术效果得以提升。在创作过程中，我们需要把构成意识贯穿始终，包括前期构思、实践创作和关键词选取以及画面效果调整，诸多环节缺一不可。

首先，我们需要在画面前期构思阶段，确定好主题元素、画面尺寸、主体形象，并根据主题及主体形象的特性，构思出大概的构图、视角、主次关系。例如，该主题如何考虑构图，平视、俯视、仰视的视角选择，它们占据画面整体的多大比重，画面视觉中心与周围次主体、环境达成怎样的构图形式最能突出其艺术表达等，这都需要在创作前初步构思，进行斟酌考量。

其次，我们要根据主体形象的位置、形态、方向以及预设的风格效果，进一步确定次主体及其他次要元素的布局，使用关键词予以界定；此时可以先把构思想法罗列汇总出来，利用AI绘画软件生成画面的多样性与高效性，多做尝试，暂时不用过多限定。

最后，在色彩设定方面，建议根据画面整体风格来确定色系，并描述色彩的属性，即色相、纯度和明度。因为画面整体色彩调性往往对画面风格、环境氛围起到关键作用。倘若主题活泼热烈、极具表现性，互补色、对比色的运用能够使得画面锦上添花，则更能彰显出画面的生机活力。若整体风格静谧淡雅，在邻近色系中寻求明度的变化则更加贴合；若画面通过明暗的搭配使其相互协调，能升华画面的整体效果。对色彩关键词有意识的限定，能够强化空间透视、主次强弱、虚实疏密等对比关系，使画面更富有节奏感和秩序感。

可以说，艺术家构思阶段的奇思妙想与创作阶段的千锤百炼，能共同缔造出精彩的AI艺术作品。诚然，好的AI绘画作品离不开人工智能的高效产出，更离不开创作者在每个阶段的深思熟虑与反复打磨。在设置关键词这一步骤中，我们首先描述主体，其次对画面的视角、画面构图依据前期构思进行具体设定。我们可用的关键词举例：前景/Foreground、特写/Close-Up（CU）、中景/Medium Shot（MS）、远景/Long Shot（LS）、背景/Background，近距离景/Tight Shot、鸟瞰/Bird View、俯视/Top View、仰视/Look Up、仰视/Up View、正面/Front View、微距/Macro Shot、黄金构图/Golden Composition、四分之三侧视/Three-Quarter View等。设置之后，如果需要加强可使其多次重复出现，逐一详细表述。

在色彩设置方面，我们要根据画面的具体需要选择使用关键词，常用的描述词有互补色/Complimentary Colors、高对比度色调/High Contrast、低对比度色调/Low Contrast、原色/Primary Colors、低纯度色调/The Low-Purity Tone、高纯度色调/The High-Purity Tone，复古色调/Retro、黑白色调/Noir、马卡龙色/Macarons、莫兰迪色系/Muted Tones等，不同关键词对色彩的限定使生成画面的效果各异，创作过程中需要多次尝试，以作对比选择。

操作上述步骤后，结合构成思维，在依次设定好全部关键词后，根据所需风格进行模式设定，随后在imagin选框内进行输入，最终生成画面。在生成画面的过程中，同一组关键词可能会随机生成大量符合设定要求的图片，且整体效果大相径庭。大量实践操作以后，创作者应初步筛选出小部分满足个人预期，符合设定要求，整体效果和谐并具有一定艺术表现力的作品。设计者需对初步选取的画面进行逐一分析，考虑其中的优势与劣势，以便进行更深入的修改、调整。

此时，遇到满意的构图或主题造型，可以通过右击“信封”图标，启用seed功能，在下一次的画面调整中纳入其优势，并将其劣势之处赋予“-no”的具体命令进行修正即可，如想让一幅图里没有人，只需在后面输入-no people。若画面表现力仍旧欠缺，还可通过“垫图”功能，选取构图、色彩、视角较为满意的图片与之进行融合，以便较快地达成预期效果。在画面整体幅面比例方面，若此时需要细微调整，则可通过关键词指令末尾加上“ar 长宽比”来达成需求，使画面更加和谐。

若在AI绘画的创作实践过程中，多番尝试依旧效果不佳，则可在原有画面的基础上，借助下面三个经验技巧。这极易增强艺术效果的构成法则，能调整画面关系，帮助画面迅速出彩！

第一，在画面中巧用方向对比、色彩对比，形成视觉上的错位感。该方法适用于多元素构成画面，当视觉元素本身已具有一定的方向性时，将其向不同的朝向编排，使其具有明确的方向对比关系，并与色彩加以区分，使画面的视觉感染力与视觉冲击力得以增强。

第二，在画面中利用位置、色彩的对比、在不对称中寻求一定程度的视觉平衡。该方法适用于具有两个及以上视觉元素的画面，将视觉元素进行不对称、冲撞色的编排设计，并通过各种视觉元素在画面中所占的比例大小、色彩占比进行调整，以达到令人意想不到的视觉平衡。

第三，在画面中利用大小对比，明确各种视觉元素的主次关系。借由主体物、次主体物，面积大小的视觉对比，表现出画面的主次关系，以小衬大，使主体得以凸显，从而强化表现。此外，我们也可在此基础上，通过调整同类色、相邻色、互补色的比例关系，合理分配主次关系。

综上所述，在AI绘画创作中有意识地运用构成原理，体现构成之美，不仅可以显著提升画面的艺术性、观赏性，还可以强化作品的艺术风格及表现力，两者互为增色，共同彰显出AI绘画的无穷魅力。

第二节

AI绘画中的画面元素

画面元素是指AI绘画作品中的每个基本组成部分。每幅画面由不同的视觉元素共同构成，同时每个元素也传递出不同的视觉信息。不同视觉元素通过内在的关联性组合在一起，共同构成新的画面，表达出创作主题、艺术思想。我们不仅要认识这些元素，还要熟悉它们的应用方式。

一、一些与AI绘画创作相关的知识点

1. 线条

线条可以用来引导观众的视线，强调某些元素或传达特定的情感或信息。在AI绘画作品中，线条可以用来描绘形状、表现图形和分隔不同的视觉区域等，起到不可替代的功能。

2. 形状

形状可以用来定义物体、演示比率，也能表示一些事物的形体特性。在AI绘画作品中，形状可以用作具体表现图形、标识、强调物品的光影轮廓或背景等。

3.颜色

颜色在绘画中是一种基本的视觉元素，它可以改变物品的外观、风格、情感和感受。颜色可以体现出画面调性、突出主题，区分不同的视觉区域，以达到传达某些情感的目的。

4.纹理

纹理可以在平面画面中增强层次感，增添艺术效果。在AI绘画作品中，纹理可以用作背景、图案或对其他元素添加更多的肌理、质感，使画面内容更加丰满、厚重，从而生成更为理想的整体画面。

创作者利用画面中的线条、形状、颜色、纹理、空间等AI绘画元素，借助AI绘画软件的运算生成自己预先构思的画面，准确传达视觉信息，并以精美的画面表现出主题思想。

二、画面元素的应用方式

画面元素是绘画创作中不可缺少的基础元素，AI绘画软件对画面元素有较强的主动生成能力。运用这些元素，或者是改变元素的表现形式、组合方式，可以打造出不同艺术风格的作品，并且使画面更加生动有趣，丰富多变。下面将AI绘画作品中画面元素的常见应用方式做一些介绍。

1.纹理

增加纹理可以增加画面的层次感和质感。一方面，AI绘画软件可以通过智能算法模拟自然纹理；另一方面，更多的时候创作者可以主动添加一些限定纹理的关键词，来增加画面的质感和真实感。例如，我们可以在生成一些手办图片时，添加关键词，强调手办的“材质具有水波的纹理”等多种描述方式。

2.炫酷的形状

AI绘画作品中的形状可以通过多种描述方式来表现，如平滑曲线、概率算法、逻辑算法等，以达到良好的形状效果。运用这些技术，画面形状可以灵活多变，可以变化出各种高炫、流动的视觉效果。

3.线条

在线在绘画表现中占有重要的地位，可以体现出画面的主题和表现风格。AI绘画软件在生成图片的过程中，常用的线条技术包括自然语言生成技术，通过自然语言生成技术可很快捷地生成多样的文字和多变的线条。很多时候我们在生成AI作品时会忽略对线条的精确控制，描述词中加入“大胆的笔触”“细腻的勾线”等关键词，都会使画面产生更丰富而准确的视觉效果。寻求风格各异的画风都可以通过输入水墨画、油画、彩铅画、素描、版画等词汇，从而改变画面的线条表现力。

下面分析两个案例，首先尝试生成一幅简单的人物画，但是并不添加对画面元素的描述，生成作品如图5-2-1所示。

中文关键词：一个帅气的男生，手里拿着一把剑，穿着武士服。

英文关键词：A handsome boy, with a sword in his hand and wearing a warrior suit --ar 3:4 --niji 5 --style expressive.

下面添加关键词，对画面元素进行具体描述。

中文关键词：一个帅气的男生，棕色的长发，飘逸的长发，苍白的脸，手里拿着一把锋利的剑，金属光泽，穿着武士服，飘逸的袖口，黑紫色的背景，颜色融合。

英文关键词：A handsome boy, long brown hair, flowing long hair, pale face, holding a sharp sword in his hand, metallic luster, wearing a warrior uniform, flowing cuffs, black and purple background, color fusion --ar 3:4 --niji 5 --style expressive.（图5-2-2、图5-2-3）

下面再尝试生成一个盲盒形象，仍然先不添加有关画面元素的具体描述，生成图片如图5-2-4所示。

中文关键词：一个盲盒，泡泡玛特，一个男孩，穿着羽绒服，帅气，站立。

英文关键词：A blind box, pop mart, a boy, dressed in a down jacket, handsome, standing --ar 3:4 --niji 5 --style expressive.

现在加入限定图像元素的关键词。它们从生成的作品中显而易见，加入了画面元素的具体描述后，生成的IP形象更加饱满，也增多了画面细节处理。

中文关键词：一个盲盒，泡泡玛特，一个长头发的男孩，穿着毛茸茸的白色的外套，帅气，站立，水汪汪的粉色眼睛，夸张的动态，全身，长长的腿，丰富的细节，最高的质量，迪士尼，皮克斯风格，3D，C4D，渲染。

英文关键词：A blind box, pop mart, a boy with long hair, wearing a hairy white coat, handsome, standing, watery pink eyes, exaggerated dynamic, full body, long legs, rich detail, the highest quality, Disney, Pixar-style, 3D, C4D, rendering --ar 3:4 --q 5 --niji 5 --style expressive.（图5-2-5）

图5-2-1

图5-2-2

图5-2-3

图5-2-4

图5-2-5

第三节

AI绘画中的构图组织

构图是造型艺术中的专业词汇，在画面中起着非常重要的作用，可以说是一幅画作的基础。在平面或三维空间中，根据题材和主题思想的要求，将艺术元素组织起来，构成一个协调、完整的视觉布局和空间关系，即形成构图。它可以影响绘画作品的艺术效果和品质，引导观众的视线，增强艺术表现力和影响力。

我们通过AI绘画软件进行绘画创作，期待获得一个较好的视觉效果。在创作过程中，我们对构图的组织和设定是有一定规律可以遵循的：一般画面构图新颖，组织形式层次分明，可以使画面更加富有感染力和表现力。

一、构图相关的理论知识

1. 比例与平衡

构图可以帮助创作者平衡不同元素之间的比例和关系，包括图形、大小、颜色等，使画面更加和谐整体。平衡的构图能够突出作品的主旨和重点，提高设计的效果和表现力。

2. 意境表现

构图可以突出表现创作主题、内涵和情感，给观众留下更深刻的印象。通过巧妙地运用构图原理，我们可以在作品中营造出特定的意境和氛围。

3. 引导视线

良好的构图可以引导观众的视线流向，突出画面中的主要元素和信息。构图的合理组织可以使观众的目光自然地集中在重要的位置，更加有效地传递作品信息。

4. 空间感受

构图不仅可以组织各种视觉元素之间的关系，还可以体现出画面的空间感受。差异化的构图对画面所展现出的立体感、层次感是不同的，利用AI绘画软件生成作品时既要考虑到画面的丰富和耐看，还要考虑到作品的独特性、原创比重，而后者对AI绘画尤为重要。

总之，构图不仅是绘画中必不可少的部分，而且是提高画面品质和影响力的重要手段与工具。学习如何构图是艺术家的必修课，在AI绘画中也应使用构图的基本知识来使我们要生成的画面更符合预期。对于绘画初学者来说，简单的词语生成丰富的画面就是使用AI绘画的目标，但对专业艺术家、设计师来说，我们要让AI绘画成为辅助进行作品润色的工具。因此，学习如何构图在AI绘画中是非常重要的内容。

例如，我们要生成一张人物插画，那你想这个人是半身像还是全身像、是仰视还是俯视、占据画面多大面积。这时候我们就要和想做的画的主题进行一个结合。例如，我们想把视觉集中于人物上，就要尽可能地让人物放到最大，或者放到中间，当然你也可以通过色彩的突出来进行调节。其他的元素要么靠后，要么相对较小，但也要对主体人物有一定的遮挡来使画面更加和谐。当然，这只是一个例子，构图不是唯一性的，我们可以输入想要的构图，再由AI来发挥它的想象空间，提供出更多的可选择方案。

构图的组织和色彩的调配一样，AI绘画软件有时也会在我们没有指定具体的构图要求时自动组织画面构图。即便是这样，创作者这时也要发挥审美鉴赏力，选择出最符合需求的画面。所以说，人工智能绘画并不是一切依靠AI绘画软件，AI绘画生成的作品最终反映的也是创作者的思想和审美，是创作者想象力和表达力的视觉体现。为此，我们也需要了解一些AI绘画软件的构图能力。

二、一些AI绘画软件自有的构图能力

1. 画面构图的组织

在AI绘画中，我们可以通过机器视觉技术和模型学习技术等方法来优化画面构图，使得画面有更好的构造和表现力。

2. 线条和形状的表现

线条和形状是构图的重要组成元素之一，在AI绘画软件中，我们可以通过自动分析、自动勾勒技术等方法来加强线条和形状在画面中的表现力。

3. 空间透视的表现

空间透视是画面感的具体表现，在AI绘画软件中，我们可以通过透视理论和机器学习技术来实现画面的透视效果。

例如，我们先尝试生成一张较简单的人物插画，但是不给AI绘画软件有关画面构图的指令。生成图片的效果，如图5-3-1和图5-3-2所示。

中文关键词：一个美丽的女人，长长的黑色的头发，蓝色的大眼睛，美丽的脸庞，玫瑰花，云朵，动漫风格。

英文关键词：A beautiful woman, long black hair, big blue eyes, beautiful face, roses, clouds, anime style –ar 3:4 –niji 5 –style expressive.

图5-3-1

图5-3-2

下面我们添加一些关于构图的具体描述，如关键词“居中构图”等。生成图片的效果，如图5-3-3和图5-3-4所示。

中文关键词：一个美丽的女人，长长的黑色的头发，蓝色的大眼睛，美丽的脸庞，半身像，美丽的身体，居中构图，夸张的动势，飞舞的玫瑰花，玫瑰花围绕着女人，飘浮的云朵在女人身后，广角，大透视，动漫风格。

英文关键词：A beautiful woman, long black hair, big blue eyes, beautiful face, half body, beautiful body, center composition, exaggerated momentum, flying roses, roses around the woman, floating clouds behind the woman, wide angle, big perspective, animation style

图5-3-3

图5-3-4

−ar 3:4 −niji 5 −style expressive −q 5.

将新生成的图片与前面的作品对比，我们可以看到加入相关构图的描述词后，画面内容更为饱满，其中的人物增加了动态变化，充满动感且具有韵律。由此可见，画面构图的专业知识在AI绘画中具有广泛的应用，它们可以对画面的整体组织和艺术效果产生显著的影响。创作者了解并熟练掌握构图相关的专业知识，是娴熟运用AI绘画软件自由创作的必要条件之一。

第四节

AI绘画中的色彩调配

通常我们使用的Disco Diffusion、Stable Diffusion、Midjourney等功能较强大的AI绘画工具，在使用者对画面中色彩、构图及画面元素等不提供具体描述时，软件也可以生成较为和谐、完整的画面。在创作中针对色彩、构图及画面元素等内容进行具体描述，设置关键词可以激发出AI绘画软件更强大的计算能力，生成更符合我们预期同时也更具有艺术表现力的作品。

以色彩构成为基础知识是视觉艺术和平面设计中非常重要的专业知识。大家应积极理解色彩理论中与AI绘画应用紧密相关的部分基础知识。

一、色彩理论的基础概念

1. 颜色的意义和象征

颜色在不同的文化和背景中有不同的意义与象征。设计师需要了解每种颜色的意义、象征和情感表达，以便在设计过程中使用正确的颜色和情感色彩，达到更好的传达效果。

2. 色彩的对比和组合

色彩的对比关系和组合方式可以影响视觉效果与传达信息的准确性。设计师应该学会如何使用对比和组合来实现色彩的平衡与良好协调，从而创造出令人愉悦的视觉效果。

3. 色调和品牌

色调是品牌辨识度的重要表现。设计师需要掌控色彩与品牌形象的关系，选择使用正确的色调及色彩调配方案，以实现品牌形象、辨识度和记忆性的统一。

4. 色彩的情感效果

不同的颜色可以产生不同的情感和情绪效果。在设计过程中，设计师应该选择适当的颜色和色调，以表达所需的情感和情绪体验，从而增加观众的情感共鸣。

我们要学习色彩的基础知识，色彩调配的构成原理非常系统、完善，在这里篇幅所限不再赘述。画面中整体色调、色彩的调配是非常重要的基础元素，其正确的使用可以增强艺术效果，以快速传达信息和实现设计目标。因此，学习者应该深入了解色彩的基础知识，学会在创作实践中的灵活应用。

色彩的基础知识在AI绘画中是至关重要的。AI绘画需要通过合理使用色彩来表现不同的画面效果和情感，使画面更具表现力和趣味性。除了创作者在色彩调配方面给AI软件发出指令，AI绘画软件有时也会主动给我们提供色彩搭配方案，因此我们个人对色彩的感知力也很重要。我们只有学习有关色彩搭配的知识，才能在众多备选中选出优秀作品，深化、调整出更精彩的画面。

在使用AI绘画软件的过程中，我们也可以通过颜色预测、色彩推荐等技术来协助完成色彩调配。

AI绘画软件中的颜色预测是指利用人工智能技术来预测对任何给定的图像，应该使用哪些颜色和色彩组合来填充和渲染图像。这些预测可以通过机器学习算法和深度神经网络来实现。在AI绘画中，颜色预测可以通过训练AI模型来实现。在训练过程中，模型被提供大量的图像和相应的颜色信息，从而可以学习如何在给定的图像中选择合适的颜色和色彩组合。当给定新的图像时，模型可以使用学习到的知识来生成适当的颜色预测。

AI绘画软件中的色彩推荐是指利用人工智能技术来推荐某些颜色方案并使用在绘画中。在AI绘画过程中，颜色推荐可以通过机器学习算法和人工神经网络来实现。色彩推荐旨在为创作者提供可供选择的颜色方案，从而使我们能够更加轻松地为作品选择合适的颜色。这些方案可以基于我们之前所创建的作品、特定主题或其他标准来推荐。如此一来，我们可以更快地创作出吸引人的作品和新颖的颜色组合。因此，我们对色彩的基本认知以及色彩审美能力对生成优秀的AI绘画作品至关重要。下面我们通过案例分析，进一步认知色彩的调配。

二、色彩调配尝试

首先来尝试生成一张秋季的风景图，但是并不给AI有关颜色的指令。AI绘画软件生成图片的效果，如图5-4-1、图5-4-2所示。

中文关键词：一幅美丽的插画，秋天，宽阔的河流，落叶，飞鸟，孤独，广角。

英文关键词：A beautiful illustration，autumn，wide river，fallen leaves，birds，lonely，wide angle −v 5.

图5-4-1

图5-4-2

下面在关键词中加入对画面色彩的具体描述，进一步生成新的画面，如图5-4-3、图5-4-4所示。

中文关键词：一幅美丽的插画，秋天，宽阔的蓝色的河流，湛蓝的天空，河流反光，缤纷的落叶，黄色，绿色，橙色，蓝色，温柔的配色，飘浮的透明的云彩，透明的颜色，盘旋的鸟，孤独，广角。

英文关键词：A beautiful illustration，autumn，wide blue river，blue sky，river reflection，colorful leaves，yellow，green，orange，blue，gentle color matching，floating transparent

图5-4-3

图5-4-4

clouds, transparent color, circling birds, lonely, wide angle−v 5 −ar 16:9 −q 5 −s 500.

最后，我们将两次生成的图片进行对比，可以发现在加入具体描述色彩的关键词之后，AI绘画软件中生成的画面色彩层次更加丰富，画面表现力和艺术性都得以增强。因此，我们对色彩构成的理解，对色彩调配方法的掌握无疑会指导AI绘画软件呈现出更多的可能性，发挥出更强大的创造力。通过逐步的学习和探索，我们对色彩知识的丰富，对色彩原理的合理应用，将会不断推动着AI绘画绽放出更加绚丽的色彩。

综上所述，本章重点探讨了AI绘画涉及的构成元素，从构成原理到画面元素，从构图组织到色彩调配，AI绘画软件对诸多的构成元素有较强的计算能力，在画面生成过程中得到了较为充分的应用。这些构成元素不仅可以提高画面效果和艺术水平，还能够更好地满足不同创作需求和个性化设计要求。

同时，艺术家可以通过垫图技术增加作品的想象力，提高生成画面中原创性所占的比重。垫图技术需要艺术家先找到一个有借鉴之处的图像或者原创完成一个图像底稿。运用合适的图像底稿，需要艺术家对画面元素、构图组织、色彩调配等能力具有一定的运用技巧和对专业知识的掌握与理解。运用垫图可能不需要非常精准、细致，这样可能反而更加局限了AI绘画软件的自由发挥。

创作者需要不断学习，提升相关美术专业知识，提高创作和审美的能力，才能更好地给AI绘画软件提供相应的画面和色彩的指导、限定、修正。很多人认为AI绘画软件可以解脱艺术家的工作，不全然如此，虽然AI绘画软件有着色彩、构图、设计运用等强大运算能力，但是创作者对美术专业知识的了解和学习会使我们的AI绘画作品更加完美，能生成更多更具原创性的艺术作品。相对于让AI绘画软件来做决定，“驯服”AI才是创作者的目标，在不断推动AI绘画技术发展和完善的同时，艺术家和设计师必将迎来更加璀璨的未来！

第六章

奇妙的创作
——AI绘画的创意表现

前面学习了各种主题的AI绘画创作，随着对人工智能软件的驾轻就熟，我们还希望在作品中体现出更多的个性化创意及原创性。尤其是对具有专业美术基础的艺术家、设计师，能在AI绘画中表现出好的创意，能在生成作品时体现出个人的绘画功底，这是提升作品原创性和艺术品质所必须追求的。因此，本章通过不同主题的创作案例，来分析如何借助AI绘画软件，表现出独特的创意，在自己原创作品的基础上增加艺术表现力和形式多样性。

例如，艺术家、专业设计师借助人工智能绘画辅助完成的系列插图作品，从设计构思到画面表现，再到作品后期的修改完善，每个环节都经过独特构思、反复推敲、悉心打磨，最终形成正稿。学习者可以研究本章案例中的关键词，体会其中不同的表达思路，从而在自己的创作实践中得以借鉴和吸收。

第一节

人物形象的创意表达

一、案例1

在AI绘画创作过程中不垫图，直接尝试添加两位艺术家的绘画风格，观察画面细节的表现手法。为了强化绘画风格，在关键词中输入两次艺术家的名字（也可采用在艺术家名字关键词后加“::”和数字来增加风格的比例），同时设置比较高的风格参数。

中文关键词：美丽的插图，弗吉尼亚·弗朗西斯·斯特雷特风格，一个女孩坐在秋千上，半身，发光的蝴蝶，河流，柔和的光线，奇迹，美丽，快乐，孤独的，精致的面部特征，美丽的身体，美丽的光线，冷光，自然光，氛围感觉，概念艺术，美丽的插图，美丽精致的头发，美丽的风景描绘，丰富的细节，精致的细节，最高的质量，特殊的阴影，柔和的颜色，柔和的色调，温柔，纤细的线条，弗吉尼亚·弗朗西斯·斯特雷特。

英文关键词：A beautiful illustration，Virginia Frances Sterrett style::4 ，A girl sitting on the swing，half body::3 ，The glowing butterfly，river，gentle light，miracle，beautiful，happy，lonely，delicate face characterization，beautiful body，beautiful light，cold light，natural light，atmosphere feeling，conceptual art，beautiful illustration，beautiful delicate hair，beautiful scenery depict，rich details，exquisite details，highest quality，special shadow，gentle color，light tone，tender，slender lines，by Virginia Frances Sterrett –ar 16:9 –v 5.2 –q 5.（图6–1–1、图6–1–2）

图6-1-1

图6-1-2

二、案例2

表现一个少女的形象，希望得到一幅整体风格更为空灵、飘逸的画面。这里首先输入“抽象绘画”设定画面不要太过于写实，但是也区别于纯抽象绘画，然后输入“禅宗风格”增加画面神秘、飘逸的氛围；在描述完主体少女形象和画面色调之后，最后输入“艾米·索尔风格”希望得到艺术家的绘画风格。单纯看这些词是跳跃的，甚至是不统一的，但是在AI绘画软件计算之后，生成出来的画面可能是意想不到的。

中文关键词：抽象绘画，禅宗风格，一个美丽的中国女孩在跳舞，肖像，绿色的衣服，袖子，海报艺术，轻抽象，简单，当代中国艺术，柔和的色彩，柔和的对比，异想天开的动画，艾米·索尔风格。

英文关键词：abstract painting，Zen style，a beautiful Chinese girl is dancing，portrait，green clothes，flying sleeves，poster art，light abstraction，simple，contemporary Chinese art，soft color，soft contrast，whimsical animation，Amy Sol style –ar 3:4 –niji 5 –style expressive.（图6-1-3、图6-1-4）

图6-1-3

图6-1-4

案例3和案例4生成的是卡通动漫风格的少女形象，案例5生成的是科幻写实少女形象，由于用的都是英文

AI绘画软件，为了更准确地表示就不再翻译成中文关键词了，我们可以借鉴其中的描述词汇。

三、案例3

关键词： A girl, left hand on chest, side view: 10 View: 11, dressed in Chinese dragon costume, full body, qversion, C4D, with rich details, large scene, clear focus, depth of field, claimed hand, fusion, 3D, details, manga anime style, 64k, intricate details −ar 9:16 − Style expression −q 2 −niji 5.（图6−1−5、图6−1−6）

图6-1-5

图6-1-6

四、案例4

关键词： A knowledgeable woman is studying an insect with golden hair, illusory style illustrations, intricate details, 64k, dark colors, Rembrandt light, and a cut on a white back−ground.（图6−1−7、图6−1−8）

图6-1-7

图6-1-8

五、案例5

关键词：an illustration of a girl in a helmet with a city and mountains，in the style of mirrored realms，32k uhd，cubo-futurism，rtx on，vibrant realism，mind-bending murals，I can't believe how beautiful this is -ar 210:297 -s 250 -v 5.（图6-1-9、图6-1-10）

图6-1-9

图6-1-10

第二节

十二生肖的创意造型

本节介绍一个创作案例——“青花机甲·十二生肖”系列动物造型的构思及AI生成过程。艺术家希望在这次创作实践中充分体现个人的创意构思。最初构思是想利用AI绘画软件的创造性和高效率，融合现实生活中难以结合的材质和物品生成超现实画面。经过深入思考，艺术家决定将中国特色元素“青花瓷”与完全不同的“机甲”风格相融合，构思生成青花机甲战马，关键词构思思路为主体（机甲战马）+图像细节词（极清细节，8K）+材质纹理（中国青花瓷装甲）。生成图像后，经过筛选和细化，第一幅青花机甲战马图出现了。

一、机甲战马造型

关键词：A mecha war horse，ultra-clear details，8k，Chinese blue and white porcelain armor.（图6-2-1）

图6-2-1

从这幅青花机甲战马的图像展开进一步构思，艺术家希望能生成一个十二生肖系列造型，这正好也契合了中国传统元素的创意初衷，由此开始绘制其余属相。

关键词思路解析：新增加了关键词“whole body”（全身），因为在尝试中发现AI绘画软件有时生成的是半身像，不符合整体风格；同时，为了控制整组作品的一致性，艺术家查看了作品“马”的seed值，并添加到关键词中，经过细化筛选，最终得到“鼠”的造型。

二、鼠造型

关键词：A mecha mouse，whole body，ultra-clear details，8k，Chinese blue and white porcelain armor -seed 1xxxxxxxx3.（图6-2-2）

图6-2-2

创作思路：改变关键词描述A mecha bull in the traditional Chinese zodiac。这里进一步增加了对中国传统十二生肖的限定，以确保AI绘画软件生成主体形象准确，画面风格近似。同时，艺术家在创作过程中对关键词的选择也经过多次尝试，如 BULL、OX、CATTLE等。主要原因一方面是在seed值相同的情况下，只要描述相同，无论运行多少次都是相同的结果；另一方面是多次尝试AI绘画软件对表述的理解能力和生成的画面契合程度。新增加了描述“dark background”（深色背景），因为有时AI绘画软件会输出其他背景，与整体风格不统一，经过细化筛选，最终得到牛的造型。

三、牛造型

关键词： A mecha bull in the traditional Chinese zodiac，whole body，ultra-clear details，8k，dark background，Chinese blue and white porcelain armor – seed 1xxxxxxx3.（图6-2-3）

图6-2-3

四、虎造型

关键词： A mecha tiger，whole body，ultra-clear details，8k，Chinese blue and white porcelain armor – seed 1xxxxxxx3.（图6-2-4）

可以发现，相较于之前的关键词，这次输入有所删减，退回到最初描述，主要是在创作过程中发现按照之前模式生成的动物造型画面效果不尽如人意。因此，艺术家继续进行删减、调整等尝试。虎的力量感较强，是这一系列作品中比较容易凸显机甲风格的画面。因此，在创作过程中尝试通过权重切分符“::”进一步调整整体画面的感觉，但是多次尝试最终效果都不尽如人意。由此证明，用AI绘画软件创作时输入的关键词并非越多越好，画面的艺术效果主要依赖对主题恰当的描述；反之，调整关键词也要以画面整体效果为依据。经过多次细化、筛选，虎的造型最终才出现。

经过对AI绘画软件的反复调试，通过对关键词、语句细节描述的删改、调整，这基本可以较平稳地生成符合要求的画面了，兔造型最终得到了。

图6-2-4

五、兔造型

关键词： A mecha Hare in the traditional Chinese zodiac, whole body, ultra-clear details, 8k, Chinese blue and white porcelain armor-seed 1xxxxxxx3.（图6-2-5）

图6-2-5

六、龙造型

创作思路大体与之前类似，但是对于龙的描述，关键词为“Chinese dragon”，否则输出的dragon普遍是西方人所想象的恶龙形象。由于加入seed值后生成的图像并不理想，此次去掉seed值，直接进行多次尝试。

关键词： A mecha Chinese dragon in the traditional Chinese zodiac, whole body, ultra-clear details, 8k, dark background, Chinese blue and white porcelain armor.（图6-2-6）

图6-2-6

在生成蛇的造型时，艺术家发现AI绘画软件对蛇形体和姿态的图像化表现模糊、混乱，经常生成有脚的蛇，因此加入关键词限制“no feet”（无足）、形态关键词“colied”（卷曲的）。同时，由于在固定seed值下，对蛇造型的表现不尽如人意，这次创作采取多次生成的方式，艺术家从中挑选适合的方案再细化调整，最终得到蛇造型。

七、蛇造型

关键词： A mecha snake in the traditional Chinese zodiac, colied, no feet, ultra-clear details, 8k, dark background, Chinese blue and white porcelain armor.（图6-2-7）

图6-2-7

图6-2-8

八、羊造型

借助前面的创作经验，在AI绘画软件中基本可以较平稳地生成符合要求的羊造型，此处不再赘述。

关键词： A mecha Chinese sheep in the traditional Chinese zodiac, whole body, ultra-clear details, 8k, dark background, Chinese blue and white porcelain armor -seed 1xxxxxxx3.（图6-2-8）

通过对关键词、描述语句细节的删改、调整，我们基本可以在AI绘画软件中较平稳地生成其余的十二生肖造型。起初，我们在v4模型中输入关键词，发现生成的猴子造型，身上有较多的毛发，这种质感与青花瓷质感发生了冲突。于是，更换为v5.2模型，增加dark background关键词并去掉seed值后，继续尝试。之后，又经细微调整，在多幅作品中挑选出猴子造型的画面。

图6-2-9

九、猴造型

关键词： A mecha Monkey in the traditional Chinese zodiac, whole body, ultra-clear details, 8k, dark background, Chinese blue and white porcelain armor -v 5.2.（图6-2-9）

十、鸡造型

生成鸡的造型是在整体思路不变的前提下，增加关键词“two feet”（两只脚），原因是在之前尝试生成的画面中，出现了多足的情况。由此发现，AI绘画软件创作带有具体数量的造型细节，需要进行具体限定设置。在创作主体有多个足、腿、翅膀时，我们可以在关键词中限定具体数量，以便精确控制画面。

关键词： A mecha Rooster in the traditional Chinese zodiac, whole body, two feet, ultra-clear details, 8k, Chinese blue and white porcelain armor -seed 1xxxxxxx3.（图6-2-10）

图6-2-10

十一、狗造型

创作狗的造型时，整体思路与之前没有太多变化。值得一提的是，系列作品的创作必须有整体构思的意识，创作一个造型要考虑到其与其他造型的协调性、统一性。例如，这里要创作的是中国传统十二生肖主题，此处对狗的造型描述使用的关键词是中华田园犬名Chinese pastoral dog，不适合用国外犬名，这样才能使画面与主题更加贴切，十二生肖的整体造型才能更加协调。

关键词： A mecha Chinese pastoral dog in the traditional Chinese zodiac, whole body, ultra-clear details, 8k, dark background, Chinese blue and white porcelain armor -seed 1xxxxxxx3.（图6-2-11）

十二、猪造型

创作猪的造型的大体思路与之前类似。但是，用AI绘画软件创作过程中发现对猪的

图6-2-11

图6-2-12

姿态较难控制，只能选择不同关键词多次尝试，如pig、cute pig、boar等。此外，在固定seed值下对猪的造型表现不尽如人意，故此处采取多次生成画面，然后再挑选适当的方案进行细化，最终得到满意的造型。

关键词：A mecha pig in the traditional Chinese zodiac, whole body, ultra-clear details, 8k, dark background, Chinese blue and white porcelain armor.（图6-2-12）

总结：通过利用AI绘画软件创作“青花机甲·十二生肖”系列动物造型，历经了大量的尝试、修改，最终达到较为满意的艺术效果。由此，我们总结出关键词创作公式：

A mecha（动物）in the traditional Chinese zodiac（如果是其他动物可以删除这一段）+whole body（根据需要修改视角）, ultra-clear details, 8k, dark/light background（明暗背景，也可自己根据实际需要设置）, Chinese blue and white porcelain armor - seed xxxxxxxxx（可以根据实际系列图需要来决定是否使用seed参数）。

第三节

绘本故事的创意插画

本章我们用AI绘画软件为原创的故事文本生成系列插画。这创作要求每幅画面都具有情节性、连贯性，所有画面按照顺序放在一起，共同讲述一个完整而精彩的故事。这里就要仔细分析创作主题，从文本构思入手，拆解关键词，学习如何创作具有故事性和连贯性的画面。

这里设定的故事情节是有关中国女孩“琼”的奇妙的火星之旅，作品取名为《奇妙的火星之旅》。随着科技的发展，人类对宇宙的探索从未停歇，而对火星的探索一直是一个热点题材。人类对火星中是否存在水源，火星中是否存在生命，始终怀有极大的好奇。这个故事里，中国女孩“琼”将坐上飞往火星的火箭来一探究竟。

一、出发

第一幅画主题为“出发”。中国女孩琼准备乘坐飞往火星的火箭。（图6-3-1）

图6-3-1

中文关键词：一个名叫“琼”的中国女孩，她背着一个背包，站在一枚蓝色的火箭前面，准备前往太空，处于沙漠之中，广角，居中构图，强对比度，鲜艳色彩，自然光，阴影效果，暖光，错综复杂的细节，艺术家Victo Ngai风格，比例3：2。

英文关键词： A name called “Joan” Chinese girl，she carrying a backpack，standing in front of a blue rocket，ready to go to space，in the desert，wide Angle，center composition，strong contrast，bright color，natural light，shadow effect，warm light，complicated details，Victo Ngai −ar 3:2.

创作构思分析，可以从以下几点拆解关键词：

第一，一个名叫“琼”的中国女孩：设定主角为中国女孩，使用AI绘画软件生成有中国面孔特色的女孩形象。

第二，她背着一个背包，站在一枚蓝色的火箭前，准备前往太空，处于沙漠之中：对她的形象进行进一步的设定，并交代她所在的位置，但是由于AI绘画工具的随机性，生成的图像有时会忽略关键词中的一些描述（图6−3−1），这时可根据自己的喜好进行取舍和调整。

第三，广角：设定此图的视角较大，以追求壮观的视觉效果。

第四，居中构图：将女孩放在中间，突出主角形象。

第五，艺术家Victo Ngai风格：为了使几幅图成为一个系列，对它们的风格进行设定。

第六，强对比度，鲜艳色彩：这幅画的对比度较强，视觉冲击力较大，且颜色比较艳丽。

第七，自然光，突出在自然环境中的光阴特点。

第八，阴影效果，注重人物、场景的明暗对比。

第九，暖光：由于主题为火星，几幅画都以暖光为主。

第十，错综复杂的细节：注重描绘人物、场景等细节，使画面更复杂、耐看。

第十一，比例3∶2，为横向构图，注重宽广的视角。

二、到达

第二幅画为“到达”。中国女孩琼已经到达火星，并从火箭上下来，踏在火星的土地上。此时的一切是那么的神秘和充满未知。

之后，图片又增加了“在火星上”“荒芜的橙色土地”关键词。（图6−3−2、图6−3−3）

中文关键词： 一个名叫“琼”的中国女孩在火星上，她身穿宇航服，站在一枚火箭旁边，在火星上，荒芜的橙色土地，广角，居中构图，艺术家Victo Ngai风格，强对比度，鲜艳色彩，自然光，阴影效果，暖光，错综复杂的细节，比例3∶2。

英文关键词： A name called “Joan” Chinese girl on Mars，she wearing a space suit，standing beside a rocket，on Mars，barren orange land，wide Angle，center composition，Victo

图6-3-2

图6-3-3

图6-3-4

Ngai, strong contrast, bright color, natural light, shadow effect, warm light, complicated details –ar 3:2.

这时生成的画面，色调有些单一，橙色的面积较大。于是艺术家尝试增加关键词“她身后有一枚蓝色的火箭”和“远处太空是深蓝色的宇宙”。（图6-3-4）

中文关键词： 一个名叫“琼”的中国女孩在火星上，她的身后有一枚蓝色的火箭，身上穿着宇航服，在火星上，荒芜的橙色土地，远处太空是深蓝色的宇宙，广角，居中构图，强对比度，鲜艳色彩，自然光，阴影效果，暖光，错综复杂的细节，艺术家Victo Ngai风格，比例3：2。

英文关键词： A Chinese girl named “Joan” is on Mars, with a blue rocket behind her, wearing a space suit, on Mars, barren orange land, in the distant sky is a dark blue universe, wide Angle, center composition, strong contrast, bright color, natural light, shadow effect, warm light, complicated details, Victo Ngai –ar 3:2.

三、发现水源

第三幅画为“发现水源”。琼在火星上发现了一个湖泊，增加关键词“坐在蓝色的湖边，湖水的周围是沙漠，她穿着蓝色的宇航服”。（图6-3-5、图6-3-6）

中文关键词：一个名叫“琼”的中国女孩坐在蓝色的湖边，湖水的周围是沙漠，她穿着蓝色的宇航服，她的后面是深蓝色的宇宙，广角，俯视，强对比度，鲜艳色彩，自然光，阴影效果，暖光，错综复杂的细节，艺术家Victo Ngai风格，比例为3：2。

英文关键词：A Chinese girl named “Joan” sits by a blue lake，surrounded by the desert，dressed in a blue spacesuit，behind her is a dark blue universe，wide Angle，overlooking，strong contrast，bright color，natural light，shadow effect，warm light，complicated details，Victo Ngai −ar 3:2.

图6-3-5

图6-3-6

四、发现有机物

第四幅画为“发现有机物”。琼在火星上发现了一棵树，她站在树下张望。艺术家增加了关键词“站在一棵长满叶子的大树下，后面是深蓝色的宇宙”。（图6-3-7、图6-3-8）

中文关键词：一个名叫“琼”的中国女孩站在一棵长满叶子的大树下，她穿着蓝色的宇航服，大树后面是深蓝色的宇宙，广角，俯视，强对比度，鲜艳色彩，自然光，阴影效果，暖光，错综复杂的细节，艺术家Victo Ngai风格，比例3：2。

英文关键词：A Chinese girl named “Joan” stands under a leafy tree with a blue spacesuit, with a dark blue universe behind the tree, wide Angle, overlooking, strong contrast, bright

图6-3-7

图6-3-8

color，natural light，shadow effect，warm light，complicated details，Victo Ngai –ar 3:2.

这幅画生成后颜色有些单一，与上一幅画的湖泊颜色近似，为了增加一些绿色来体现“有机物”，所以增加关键词“长满绿色叶子的大树下”。（图6–3–9）

中文关键词：一个名叫“琼”的中国女孩站在一棵长满绿色叶子的大树下，她穿着蓝色的宇航服，大树后面是深蓝色的宇宙，广角，强对比度，鲜艳色彩，自然光，阴影效果，暖光，错综复杂的细节，艺术家Victo Ngai风格，比例为3：2。

英文关键词：A Chinese girl named “Joan” is standing under a big tree covered with green leaves，she wears a blue space suit，with a dark blue universe behind the tree，wide view，strong contrast，bright color，natural light，shadow effect，warm light，complicated details，Victo Ngai –ar 3:2.

图6–3–9

五、发现生命

第五幅画为“发现生命”。琼在火星的一个山洞里发现了类似猴子的生物，所以增加关键词“看到山洞里有一只橙色的小猴子，山洞壁上有很多古老的壁画”。（图6–3–10）

中文关键词：一个名叫“琼”的中国女孩看到山洞里有一只橙色的小猴子，她穿着蓝色的宇航服，山洞壁上有很多古老的壁画，广角，强对比度，鲜艳色彩，自然光，阴影效果，暖光，错综复杂的细节，艺术家Victo Ngai风格，比例3：2。

英文关键词：A Chinese girl named “Joan” find a little orange monkey in the cave，she wore a blue spacesuit，there were many ancient murals on the wall of the cave，wide view，strong contrast，bright color，natural light，shadow effect，warm light，complicated details，

图6-3-10

Victo Ngai -ar 3:2.

当连续生成了几幅画以后，AI绘画软件无法准确识别出“一只猴子”和“壁画”的指令，所以尝试改关键词为“和一只猴子在山洞里站着”。

中文关键词：一个名叫“琼”的中国女孩和一只猴子在山洞里站着，她穿着蓝色的宇航服，山洞壁上有很多古老的壁画，广角，强对比度，鲜艳色彩，自然光，阴影效果，暖光，错综复杂的细节，艺术家Victo Ngai风格，比例3：2。（图6-3-11）

英文关键词：A Chinese girl named “Joan” stood in a cave with a monkey, A orange monkey, she wore a blue spacesuit, there were many ancient murals on the wall of the cave, wide view, strong contrast, bright color, natural light, shadow effect, warm light, complicated details, Victo Ngai -ar 3:2..

由生成的图6-3-11可以看出，AI绘画工具具有随机性，虽在改变关键词后仍无法准确识别“一只猴子”的关键词，且生成的猴子形象也略显奇怪，但是在“火星探索”这个故事背景下，生成的类似猴子的生物恰恰充满了神秘感，非常符合火星生命的主题。而“不确定性”正是AI绘画工具的魅力，时而让人心烦意乱，时而给人带来意想不到的惊喜。

这类连续性画面的创作与前面系列作品不同的是每幅画都有独立的故事情节，更需要整体构思，全局掌控。创作这类作品除了考虑全部画面风格的统一、协调外，还要关注连续性画面带给读者的心理感受。虽然在这个发现火星生命的案例中，类似猴子的火星生物神秘且独特，但画面中的“猴子”都有点恐怖感，而这种感受是创作者不想传递给读者的。所以，创作者将第五幅“发现生命”改为“发现文明”。随着故事情节的发展与创作的深入，创作者也需要随时调整画面的风格、色调和情景，以保证画面和《奇妙的火星之旅》文本的紧密切合，以符合作品整体的情节变化。

图6-3-11

在这幅画中，琼在火星上发现了山洞中的神秘的壁画。创作者增加了关键词“拿着一个火把在山洞里站着，她拿着火把，山洞里有很多壁画”。这时遇到一个困难，尝试很多次，AI绘画软件都无法准确生成“火把”图像。如果遇到这种情况，创作者可能就需要利用数字绘画给画面增添一个道具，然后再进行垫图处理。本节以画面构思、创意为主就暂不垫图处理了。（图6-3-12）

中文关键词：一个名叫“琼”的中国女孩拿着一个火把在山洞里站着，她拿着火把，她穿着宇航服，山洞壁上有很多古老的壁画，山洞里有很多壁画，广角，强对比度，鲜艳色彩，自然光，阴影效果，暖光，错综复杂的细节，艺术家Victo Ngai风格，比例3：2。

英文关键词：A Chinese girl named “Joan” stood in a cave with a torch，she holds a

图6-3-12

torch, she wore a spacesuit, many ancient murals on the cave wall, many murals in the cave, wide view, strong contrast, bright color, natural light, shadow effect, warm light, complicated details, murals, Victo Ngai -ar 3:2.

六、发现火星生物

第六幅画为“发现火星生物”。琼在火星上发现了类似剑龙，身上长满彩色鳞片的友好生物。

中文关键词：一只剑龙身上长满了美丽的彩色鳞片，它站在火星上，它的旁边有一个中国女孩，身后是一望无际的红色沙漠，天空是深蓝色的，广角，仰视，强对比度，鲜艳色彩，自然光，阴影效果，暖光，错综复杂的细节，艺术家Victo Ngai风格，比例3：2。

英文关键词：A stegosaurus covered with beautiful colorful scales, it stood on Mars, it beside a Chinese girl, behind the endless red desert, the sky is dark blue, wide Angle, look up, strong contrast, bright color, natural light, shadow effect, warm light, complicated details, Victo Ngai -ar 3:2.（图6-3-13）

图6-3-13

七、归来

第七幅画为“归来”。女主角琼坐着飞船返航，增加了描述“飞船正从火星飞往地球”。至此故事结束，关于小女孩琼《奇妙的火星之旅》系列插画创作也告一段落。（图6-3-14、

图6-3-15）

中文关键词：一个名叫“琼”的中国女孩正坐在一艘从火星飞往地球的宇宙飞船上，她扎着马尾辫，她穿着宇航服，太空服，广角，俯视，强对比度，鲜艳色彩，自然光，阴影效果，暖光，错综复杂的细节，艺术家Victo Ngai风格，比例3：2。

英文关键词：A Chinese girl named “Joan” is sitting in a spaceship flying from Mars to Earth，she wears a ponytail，she wears a spacesuit，space suit，wide Angle，overlooking，strong contrast，bright color，natural light，shadow effect，warm light，complicated details，Victo Ngai –ar 3:2.

图6-3-14

图6-3-15

第四节

写实风景的创意画风

在日常生活中，我们经常会随手拍下美丽的风景。这些普通的风景写实照片都可以成为创作的素材，借助于AI绘画软件，将我们的创意融入其中，生成奇思妙想、缤纷绚丽的风景绘画。

这里我们用一张普通的风景摄影照片，通过AI绘画软件垫图技术生成不同风格的风景画面。首先，我们在手机相册中随意找出一张照片，如一张城市夜景照片。这张夜景照片的颜色比较暗，且没有丰富的变化，也不绚丽。这样一张写实的风景照片，相信绝大多数人都可以拍来，那么如何通过创意构思，将它演化成一幅具有艺术气息的风景画作呢？下面将这张照片在AI绘画软件中垫图，并输入关键词，生成风景画面。（图6-4-1）

以Midjourney为例，垫图方式如下。

第一步，将图6-4-1拖入/粘贴至对话框并发送。

第二步，将图6-4-2拖入/粘贴至对话框图6-4-3发送至对话框。

第三步，右击图片，复制图片链接，也就是“Copy Link”选项，如图6-4-4所示。

第四步，将图片链接粘贴于关键词之前，并用一个空格隔开，发送至对话框即开始生成。（图6-4-5）

中文关键词：赛博朋克风格，未来派插画，晚上，美丽的星星，冷光，飞机，明亮的灯光，透明的建筑，河流，现代主义城市，高层建筑，反射建筑，高科技桥，未来城市，银河，金属光，金属材料，尖顶建筑，深蓝色的天空，星星，美丽的光，透明的颜色，概念艺术，美妙的细节，复杂的细节，最高的质量，坚硬，高科技，高对比度，美妙的光，超现实主义，色彩斑斓，比例3：2。

图6-4-1

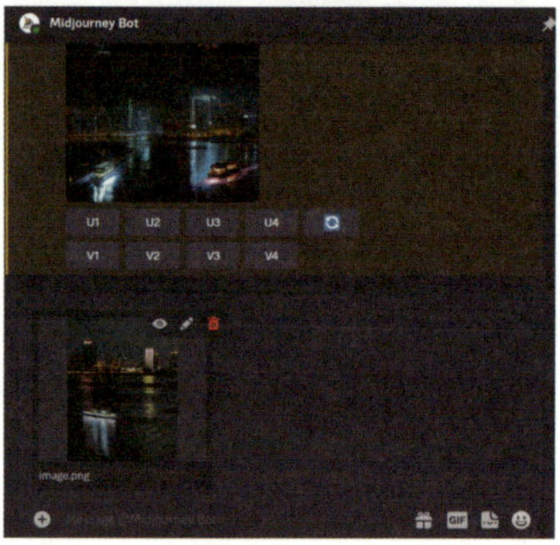

图6-4-2

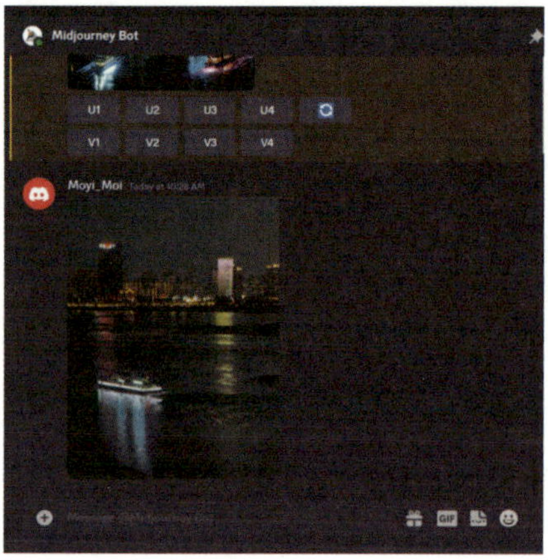

图6-4-3

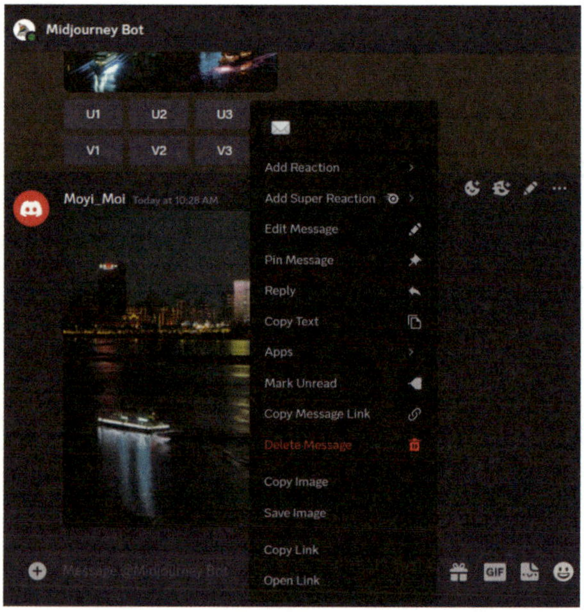

图6-4-4

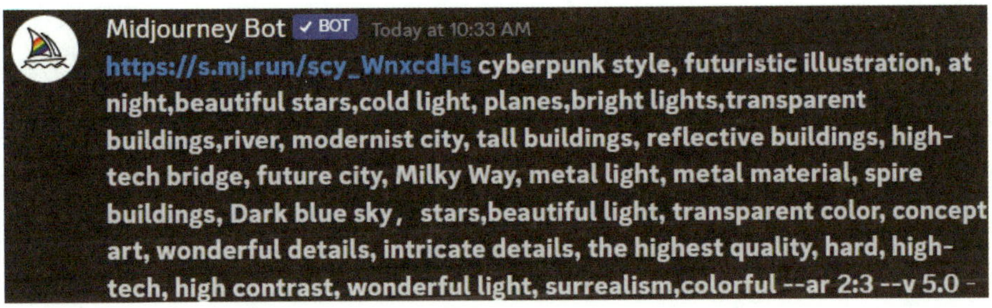

图6-4-5

英文关键词： cyberpunk style，futuristic illustration，at night，beautiful stars，cold light，planes，bright lights，transparent buildings，river，modernist city，tall buildings，reflective buildings，high-tech bridge，future city，Milky Way，metal light，metal material，spire buildings，Dark blue sky，stars，beautiful light，transparent color，concept art，wonderful details，intricate details，the highest quality，hard，high-tech，high contrast，wonderful light，surrealism，colorful -ar 2:3.（图6-4-6、图6-4-7）

前面生成的两幅作品仍保持了写实照片的风格，但突出了空间的整体氛围，使城市风景更加具有未来科技感，画面笼罩着一层神秘的气息。

下面继续尝试在风景画面中添加艺术家的绘画风格，融入凡·高的画风。当我们添加关键词“凡·高风格、星空、油画、闪耀的颜色”等进行描述时，我们所熟悉的凡·高的

图6-4-6

图6-4-7

风景画风跃然纸上，生成的画面中出现了凡·高典型的笔触以及他奔放、夸张的色调，代表性的蓝色、金黄色在画面中跳跃……原本平淡无奇的写实风景照片瞬间充斥着浓浓的凡·高的艺术气息。我们还可以不断变换艺术家的名字，获取我们喜欢的画风，可以更换形容词调整画面构图、色调、各个元素的比例关系，使一张普通的风景照片产生无穷无尽的变化，彰显人的创意思维与AI绘画软件相结合，迸发出的强大能力！

中文关键词：一幅插图，夜晚，城市，彩色的，明亮的颜色，高对比度，闪耀的颜色，透明的颜色，凡·高风格，星空，油画，色彩混合，调色盘，闪亮的，闪烁的，反射的，非常复杂的色彩，丰富的细节，美丽的光线，美丽的插画，凡·高，高质量的，大胆的笔触，凡·高的星空，比例2：3。

英文关键词：An illustration，night，city，colorful，bright colors，high contrast，shining color，transparent color，van Gogh style，stars，oil painting，color mix，palette，shiny，flashing，reflective，very complex color，rich detail，beautiful light，beautiful illustration，Van Gogh，high quality，Bold brush strokes，The stars of Van Gogh --ar 2:3.（图6-4-8、图6-4-9）

我们也可以使用多图融合的方法来生成新的图像，如若对图6-4-8和图6-4-9凡·高风格的生成并不满意，可直接使用凡·高的《星月夜》与拍摄的风景图进行融合操作，使用“/blend”命令，将两幅图上传其中，如图6-4-10所示。

图6-4-8

图6-4-9

生成效果如图6-4-11所示。

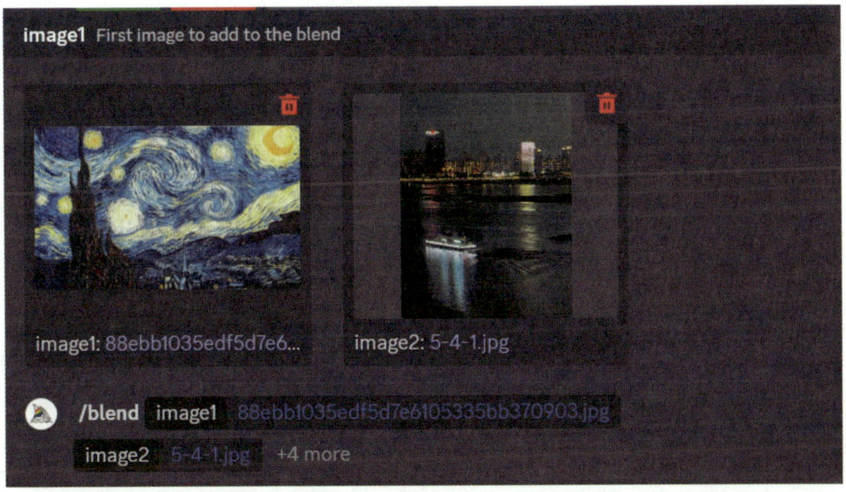

图6-4-10

图6-4-11

第五节

民族元素的创意潮玩

在前面的AI绘画创作中，我们对人物、动物、风景进行了巧妙构思，生成了很多极具创意的作品。这些作品的创意主要体现在画面主体造型，艺术表现风格，以及画面情节内涵等方面，接下来我们尝试在画面中融入浓郁的民族元素，通过原创作品垫图生成新形式的AI绘画作品。

艺术家在前期用数字绘画的方式原创出“蒙元星座”系列插画，主题是蒙古族文化、蒙古族服装、配饰，将它们设计成十二星座的系列人物。将这个系列的原创数字绘画在AI绘画软件中进行垫图创作，大胆尝试融入国内外多种风格迥异的艺术形式，生成二次创作的新作品。下面以原创插画“蒙元星座”为例，展示插画原图和AI绘画软件结合的创作思路，分析其中关键词构成，便于具有专业美术基础的学习者参考和借鉴。

一、蒙古族元素白羊座插画

采用的原图（图6-5-1）是一个类似于IP形象的“蒙古族元素白羊座插画”，这里二次创作希望生成日本漫画风格的画面，我们选择用Niji·journey来生成画面。

图6-5-1

中文关键词：日本动漫，插图，一个英俊的男人，蓝色的眼睛和苍白的皮肤与橙色的头发，公羊像角，穿蒙古风格的长袍，传统风格的帽子，深色皮靴，羔羊在腿上，坐在草地上，有一系列不同的植物和大的花朵在他身后，细节丰富，想象力，太阳元素，过度曝光，高质量，插图，彩色，美丽的灯光，柔和的光线，自然光，明亮，全身，中心构图，快乐，梦想，棱镜，波浪，冲击。

英文关键词： Japanese anime，illustration，a handsome man with blue eyes and pale skin with orange color hair with ram like horns，wearing a Mongolian style robe and a traditional mongolian style hat and dark leather skin boots holding a middle size lamb on its lap sitting on a grass，there is a series of different individual leafy plants and big abundant single flowers blossoming behind him，high detailed，imagination，sun element，over exposure，high quality，illustration，colorful，beautiful lighting，soft light，natural light，bright，full body，center the composition，happy，dream，prismatic，wave，impasto –q 2 –s 750 –niji 5.

AI绘画软件生成了图6–5–2，可以看出它保留了原插画的基本形象，因为关键词的强调，画面改变了风格，强化了光感和画面层次，也明确了山羊的造型。我们可以利用AI绘画软件，对自己的原创作品进行二次创作，快速改变表现风格、肌理材质、光影效果等画面元素，增添丰富的艺术效果。（图6–5–3）

图6–5–2

图6–5–3

二、蒙古族元素狮子座插画

这次我们尝试生成一个盲盒手办。输入关键词之后，快速得到一个三维立体的具有蒙

古族特色的狮子座小男孩造型。(图6-5-4)

中文关键词： 盲盒设计，一个骑着狮子的可爱小男孩，橙色的头发，绿色的眼睛，可爱的表情，帅气的脸庞，水汪汪的眼睛，身后有大大的月亮和向日葵，泡泡玛特，复杂的细节，立体的，C4D，全息的，渲染，生动的，夸张的动作，可爱的，鲜艳的色彩，透明的色彩，镭射，特别的脸部细节，美丽的阴影，强对比度，比例2：3，风格表现力。

图6-5-4

英文关键词： blind box design, a lovely little boy riding a lion, orange hair, green eyes, lovely expression, handsome face, watery eyes, behind the big moon and sunflower, bubbles, mart, complex details, stereo, C4D, holographic, rendering, vivid, exaggerated action, lovely, bright color, transparent color, laser, special face details, beautiful shadow, contrast –ar 2:3 –style expressive.(图6-5-5至图6-5-7)

图6-5-5

图6-5-6

图6-5-7

三、蒙古族元素射手座插画

这里我们在原作品（图6-5-8）的基础上，尝试将主角造型改变为迪士尼风格的人物形象。在AI绘画软件中垫图时，如果某种艺术风格表现得不明显，那么可以多次输入此关键词。此处，我们也加入了多次的“迪士尼”关键词。学习者在进行具有原创性的AI绘画二次创作时，既可以尝试添加不同的艺术家名字，又可以添加艺术风格、艺术流派的名称。

图6-5-8

中文关键词：一幅插画，迪士尼风格，迪士尼公主，一个非常美丽的女孩，紫色的头发，绿色的大眼睛，半身像，正在射箭，跳起来，红色的裙子，她的身后有各种各样的玩具，非常可爱的女孩，写实的，完美的脸部刻画，非常美丽，贵族的，美丽的反光，美丽的阴影，柔和的色彩，复古的，欧式的，奇妙细节，柔和的灯光，美丽的灯光，高清的，丰富的细节，最好的质量，迪士尼，比例2：3，风格富有表现力。

英文关键词：an illustration，Disney style，Disney princess，a very beautiful girl，purple hair，big green eyes，bust，archery，jump up，red skirt，there are various toys behind her，very cute girl，realistic，perfect face，very beautiful，noble，beautiful reflective，beautiful shadows，soft colors，retro，European，wonderful detail，soft lighting，beautiful lights，high definition，rich detail，best quality，Disney --niji 5 --ar 2:3 --style expressive.（图6-5-9、图5-5-10）

图6-5-9

图6-5-10

四、蒙古族元素水瓶座插画

此处我们预想生成一幅具有科技感的、未来风格的漫画（图6-5-11）。于是将前面关键词做了调整，添加了“赛博朋克风格，未来主义插画，科幻”等词汇。

中文关键词：一幅插画，一个女孩被放在一个玻璃罐子里，有着蓝色头发和蓝色眼睛，非常美丽，被放到一个玻璃器皿中，赛博朋克风格，未来主义插画，科幻，蓝色，金属感，玻璃，透明的颜色，巨大的月牙，在海面上，美丽的星光，自由的，高科技，梦幻的，不真实的，全息的，异想天开的灯光效果，冷色调灯光，边缘光，美丽的灯光，梦幻现实主义，奇幻，水波，震动的，雾气，水雾，小雨，高清的，丰富的细节，比例2：3，富有表现力。

英文关键词：an illustration, a girl was placed in a glass jar with blue hair and blue eyes, very beautiful, was put in a glassware, cyberpunk style, futuristic illustration, science fiction, blue, metallic, glass, transparent color, huge crescent, on the sea, beautiful starlight, free high technology, dreamy, unreal, holographic, whimsical lighting, cold light, edge light, beautiful light, fantasy realism, fantasy, water waves, vibrating, fog, water mist, light rain, hd, rich detail –ar 2:3 –s 200 –niji 5 –style expressive.（图6–5–12）

这次我们不垫图，尝试将描述此插画的关键词单独输入生成画面，而不再输入原图地址，看一下生成画面的视觉效果会有什么改变。

英文关键词：an illustration, a girl was placed in a glass jar with blue hair and blue eyes, very beautiful, was put in a

图6–5–11

图6–5–12

glassware, cyberpunk style, futuristic illustration, science fiction, blue, metallic, metal, glass, transparent color, huge crescent, on the sea, beautiful starlight, high technology, free, dreamy, unreal, holographic, whimsical lighting, cold light, edge light, beautiful light, fantasy realism, fantasy, water waves, vibrating, fog, water mist, light rain, hd, rich detail −ar 16:9 −s 200 −v 5.2.

图6−5−13和图6−5−14都是由Midjourney中的v5.2模式生成的，可以发现它的空间感、科技感相较于Niji·journey更强。下面再尝试生成一个具有日本动漫风格的画面，仍然选择不垫图。

图6−5−13

图6−5−14

英文关键词： Japanese anime, illustration, anime waifu, a super beautiful woman with blue big eyes and pale skin with blue color hair wearing a Mongolian style robe and a traditional mongolian style hat and white leather skin boots, she is in a transparent glass bottle, there is a big moon behind her, water eyes, high detailed, imagination, moon element, over exposure, high quality, extreme iridescent reflection, thick acrylic illustration on Pixiv, illustration, colorful, beautiful lighting, soft light, natural light, bright, full body, center the composition, happy, dream, wave, impasto, sea, cold light, full body, vray –ar 2:3 –q 2 –s 750 –niji 5.（图6–5–15）

图6–5–15

五、蒙古族元素金牛座插画（图6–5–16）

中文关键词：一个美丽的女孩，长长的头发，粉红色的眼睛，微笑着，飘逸的裙子，飞舞的雪花，雪花围绕着女孩，中国风，天空中的烟花，动漫风格，粉色的背景，透明的头发颜色，透明的裙子颜色，超现实主义，浪漫主义，阿尔丰斯·穆夏，仙境，美丽的灯光，彩粉画，精致的细节，超高清，最好的质量，比例2：3，风格富有表现力。

英文关键词：a beautiful girl, long hair, pink eyes, smiling, flowing skirt, flying snowflakes, snowflakes around girl, Chinese

图6–5–16

style, fireworks in the sky, anime style, pink background, transparent hair color, transparent dress color, surrealism, romanticism, Alphonsmussha, fairyland, beautiful lights, paint, exquisite details, uHD, best quality –ar 2:3 –niji 5 –style expressive.（图6–5–17、图6–5–18）

我们经过AI绘画软件大量创作实践，可以发现AI绘画时常会出现人物比例失调、一些画面细节的表现不够准确，甚至有明显变形的情况出现。画面如果是人物比例失调等问题，相对好处理一些，可以调整关键词，限定人物比例，画面开幅比例等。但如果是人物的手指动作、五官神态，用语句描述后AI绘画软件就很难精准地表现出预期的效果。这时就需要创作者格外耐心，反复调试，多次生成，选择最满意的画面。而AI绘画软件本身对手的处理也在不断进步，如今Midjourney中的v5.2模式已经能生成较为正常的手部结构。

图6–5–17

图6–5–18

六、蒙古族元素双鱼座插画

这里我们将原民族风格插画（图6–5–19）尝试改变为迪士尼风格插画。在生成的画面中，蒙古族元素确实被大大削弱了，画面主体完全呈现出迪士尼动画造型的特征。

中文关键词：迪士尼风格插画，一条成年的美人鱼，蓝紫色的荧光鳞片，鳞片闪闪发光，美丽的脸庞，绿色的眼睛，白色飘逸的长发，面带微笑，坐在海中央的沙丘上，周围是一望无际的大海，美丽的阳光，神奇的颜色，梦幻，超现实主义，数字艺术，厚涂，厚丙烯画，珠光，反光，海面的反光，人鱼公主，迪士尼人鱼公主，瀑布，珊瑚，海草，柔和的颜色，温柔的光，最好的质量，唯美，惊人的史诗，完美的画面，丰富的细节，精致的面部，精致的鳞片，比例3：4，风格富有表现力。

图6-5-19

英文关键词： Disney style illustration, an adult mermaid, blue purple fluorescent scales, scales shining, beautiful face, green eyes, long white hair, smiling, sitting in the middle of the sea, surrounded by endless sea, beautiful sunshine, magical colors, fantasy, surrealism, digital art, thick paint, thick propylene painting, pearl, reflective, sea reflection, mermaid princess, Disney mermaid princess, waterfall, coral, sea plant, soft colors, gentle light, best quality, aesthetic, amazing epic, perfect picture, rich details, delicate face, delicate scales –ar 3:4 –s 200 –q 2 –niji 5 –style expressive.（图6–5–20、图6–5–21）

图6-5-20

图6-5-21

七、蒙古族元素天蝎座插画

这里我们在插画中尝试融入日本浮世绘风格。（图6-5-22）

中文关键词：浮世绘风格，一个蓝色头发、蓝色眼睛的帅气男人，穿着蒙古袍，非常英俊，他的旁边有个大蝎子，身后有彩虹，非常多的细节，星星，他的脚下是海水和浪花，美丽的光影，独特的面部构造，独特的颜色搭配，身后有透明的云彩，云彩和星星围绕着他，逆光，美丽的装饰花纹，概念艺术，全息的，丰富的细节，最好的质量，比例1：1，风格富有表现力。

英文关键词：Ukiyo-e style, a blue hair, blue eyes handsome man, wearing Mongolian robe, very handsome, beside him a big scorpion, rainbow, very many details, stars, water and spray, beautiful light and shadow, unique facial structure, unique color collocation, transparent clouds, clouds and stars around him, backlight, beautiful decorative pattern, concept art, holographic, rich details, the best quality –ar 1:1 –s 200 –niji 5 –style expressive.（图6-5-23）

图6-5-22

图6-5-23

图6-5-24

图6-5-25

图6-5-26

八、蒙古族元素双子座插画（图6-24）

中文关键词： 涂鸦艺术插画，两个女生依偎着躺在草坪上，后面是树林，秋天，飞舞的落叶，飘浮的云朵，中国风，大胆的笔触和边缘线，美丽的光，丰富的色彩，明亮的色彩，丰富的细节，最好的质量，高清晰度，比例16：9，风格富有表现力。

英文关键词： graffiti art illustration, two girls nestled lying on the lawn, behind the woods, autumn, flying leaves, floating clouds, Chinese style, bold brush strokes and edge lines, beautiful light, rich colors, bright colors, rich details, the best quality, high definition –ar 16:9 –s 200 –niji 5 –style expressive.（图6-5-25、图6-5-26）

九、蒙古族元素天秤座插画(图6-5-27)

中文关键词：吉卜力工作室风格，一个可爱的女孩在树林中，棕色的眼睛和棕色的头发，黄色的树叶，秋天的树林，黄色调，暖色调，活泼，开心，美丽的颜色混合，明亮的颜色，透明的树叶，颜色混合，调色盘，凉爽的秋风，自由，可爱，宫崎骏，最好的质量，丰富的细节，奇妙的细节，特别的颜色，飘浮的云彩，黄绿色，凉爽，飘舞的树叶，比例3：4，风格富有表现力。

英文关键词：Studio Ghibli style, a lovely girl in the woods, brown eyes and brown hair, yellow leaves, autumn woods, yellow tones, warm tones, lively, happy, beautiful color mix, bright colors, transparent leaves, color mix, color palette, cool autumn wind, free, cute, Miyazaki, best quality, rich detail, wonderful details, special colors, floating clouds, yellow green, cool, dancing leaves –ar 3:4 –s 200 –q 5 –niji 5 –style expressive.（图6-5-28、图6-5-29）

图6-5-27

图6-5-28

图6-5-29

图6-5-30

十、蒙古族元素巨蟹座插画

这里尝试二次创作，生成DC漫画风格的作品。这时，我们会发现人物特征改变比较大，而且原有的蒙古族服饰元素也被弱化了。（图6-5-30）

中文关键词： DC漫画，帅气的女孩，绿色的头发，绿色的眼睛，美丽的脸庞，飞舞的短发，女孩的后面是大树，云彩，天空上的星星，耀眼的色彩，视觉冲击力，强烈的色彩对比，机械感，未来感，超级女侠，奇妙的细节刻画，美丽的阴影，鲜艳的色彩，夸张的动态，最高的质量，渲染，比例16∶9，风格表现力强。

英文关键词： DC comics, handsome girl, green hair, green eyes, pretty face, dancing hair, behind the girl is the tree, clouds, the stars in the sky, dazzling color, visual impact, strong color contrast, mechanical sense, future, super woman, wonderful details, beautiful shadows, bright colors, exaggerated dynamic, the highest quality, rendering --ar 16:9 --q 5 --niji 5 --style expressive.（图6-5-31至图6-5-33）

图6-5-31

图6-5-32

图6-5-33

十一、蒙古族元素处女座插画（图6-5-34）

中文关键词：动漫美女，肖像画，pixiv风格，白色的头发，美丽的女孩，灰蓝色的裙子，夸张的动态，水汪汪的眼睛，光着脚，五彩缤纷，渲染，美丽的折射，特殊的光影效果，高清晰度，氛围，概念艺术，精美的插画，音乐，可爱的颜色，丰富的细节，光线，折射，明亮的颜色，最好的质量，比例1：1。

英文关键词：anime beautiful girl，portrait，pixiv，white hair，beautiful girl，gray blue skirt，exaggerated dynamic，watery eyes，barefoot，colorful，rendering，beautiful refraction，special light effect，high definition，atmosphere，concept art，exquisite illustration，music，lovely colors，rich details，light，refraction，bright color，the best quality –q 5 –niji 5 –ar 1:1.（图6–5–35）

这里再次把垫图去掉，然后将美少女动漫造型稍作修改，尝试直接生成新

图6-5-34

图6-5-35

的画面。这次生成的画面使人物形象更加倾向于真人造型。

英文关键词：magic realism，white hair beautiful girl，happy expression，gray blue skirt，watery eyes，barefoot，beautiful background，colorful，rendering，beautiful refraction，special light effect，high definition，atmosphere，concept art，exquisite illustration，music，lovely color，rich details，light，refraction，bright color，the best quality −ar 2:3 −q 5 −niji 5 −style expressive.（图 6−5−36 至图 6−5−38）

图6-5-36

图6-5-37

图6-5-38

图6-5-39

图6-5-40

十二、蒙古族元素摩羯座插画（图6-5-39）

中文关键词：黑暗奇幻风格，一个害羞的男孩子坐在大石头上，黑色的头发，漂亮的蓝色眼睛，英俊的脸，白色的皮肤，蓝色的蒙古袍，背景有粉色的花和各种各样的植物，萤火虫，荧光，丰富的细节，最高的质量，高清晰度，风格表现力强。

英文关键词：dark fantasy style, a shy boy sitting on a big stone, black hair, beautiful blue eyes, handsome face, white skin, blue Mongolian robe, background with pink flowers and all kinds of plants, fireflies, fluorescent, rich details, the highest quality, high definition –q 5 –niji 5 –style expressive.（图6-5-40）

第七章

释放想象力
——社群用户AI绘画经验分享

就像人类创作绘画作品一样，我们先从技法和“公式”学习入手，在一定程度上牢记这些方法会有助于我们快速达到一个不错的AI绘画水平。然而条条大路通罗马，在练习AI绘画过程中，我们会发现每个人都有自己独特的一套思考逻辑来构建和完成画面，把AI绘画比作神奇的魔法，那么创作者就是魔法师，用思维来控制AI施加魔法完成画作，这时除勤加练习以外，交流和借鉴其他人的“咒语”格式和思考方式也是非常重要的。

接下来，我们从国内较早开发的生成式AI平台（Tiamat）中邀请了几位社群用户，他们是中国最早一批AI生成图像用户，大部分人的作品经常出现在AIGC领域的展览和活动中，可以称AIGC界的关键意见领袖（Key Opinon Leader，KOL），他们来自各行各业，有的人用AI生成辅助自己的工作，有的人作为爱好拓展副业。我们可以从这些用户的实例中吸取AI创作的精髓。在本章中所有创作都使用了更便于国内用户操作的Tiamat人工智能，不同于国外的AI产品，它更符合国人习惯，只需要轻松访问网站或者小程序即可实现AI创作，还有辅助模版等功能帮助快速入门。

一、如何制作一幅立体渲染质感的广告？

图像作者及经验分享：栗米桃 Sommer。

第一步，在“上传参考图”（图7-1-1）处上传一张Photoshop处理后的草地背景的城市图片，底图尽量接近自己想要的场景效果。（图7-1-2、图7-1-3）

图7-1-1

图7-1-2

图7-1-3

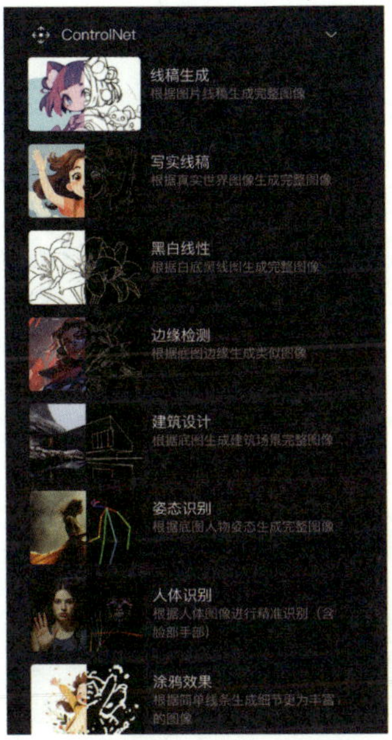

图7-1-4

图7-1-5

在描述图片处输入“草地，城市建筑背景，粉色的天空，现实3D动画片Style翻译，糖果色，充满活力的颜色，霓虹现实主义，由POP－玛特，柔和的色彩，盲盒玩具，光滑细腻，干净的背景，3D渲染，Octane渲染，最佳质量，8K，超细节”，然后选择动漫模型，选择好横向构图，生成后保存待后续使用。

第二步，在Control Net中选择姿态识别，上传一张自己想要的举着手的人物姿势图片。（图7－1－4、图7－1－5）

输入描述词：纯色背景，快乐的少女，举着饮料，现实3D动画片，糖果色，充满活力的颜色，霓虹现实主义，柔和的色彩，盲盒玩具，光滑细腻，3D渲染，Octane渲染，最佳质量，8K，超细节，生成后的人物保存待后续使用。

第三步，在Control Net中选择涂鸦效果，上传一张大概的涂鸦植物图片。（图7－1－6、图7－1－7）

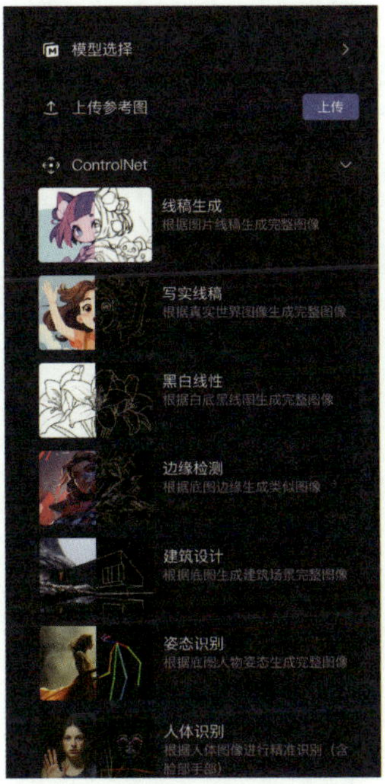

图7－1－6

图7－1－7

输入描述词“纯色背景，超现实植物，现实3D动画片，糖果色，充满活力的颜色，霓虹现实主义，柔和的色彩，盲盒玩具，光滑细腻，3D渲染，Octane渲染，最佳质量”，8K，超细节。生成后选择自己满意的，可以多试几次，然后保存备用。（图7-1-8、图7-1-9）

第四步，同理再生成一些自己想要的元素，把所有生成的图片进行组合，在Photoshop中抠图后拼合在一起调整颜色就完成了这张图片。（图7-1-10）

图7-1-8

图7-1-9

图7-1-10

二、如何让AI生成的图像更接近你的预期?

AI生成图像可以用填充式描写方法和定向描写方法。(图7-2-1)

图7-2-1

图像作者及经验分享：PPP的杂货铺。

1.填充式描写

填充式描写适用于没有明确想法的时候。

填充时，首先输入一个关键词，然后根据效果进行关键词的增加调整，直到出现自己满意的图像为止。

这种关键词描写方法对新手小白比较友好，不需要专业的术语，可以用最简单日常的词描绘出好看的图。这种出图更像开盲盒，可以一直开，直到开到自己喜欢的图为止。

以描述词为“一片叶子”(图7-2-2)为例。

其实仅这一个关键词出来的图就已经很不错了，这时你可以选择以同一关键词来挑选出大量的好看的图，也可以对其进行补充深化。

我们还可以拓展描述词。

描述词：一片叶子，落日，水滴，平面插画。(图7-2-3至图7-2-5)

这里单一的关键词出的图虽然好看，但是感觉缺少了一些生命力，所以又加入了其他名词使画面生动，具有故事性。这个过程看似简单，实则非常考验个人的想象力和

图7-2-2

图7-2-3

图7-2-4

图7-2-5

搭配能力，名词与名词往往可以碰撞出难以想象的火花。其实到这里我大概已经明确知道自己想要出什么样的图了，这次出图的主调也就定下来了，这时我们可以再尝试加入一些特殊的描述词来定风格，如平面插画、油画、水彩画等。

描述词：叶子，树，落日，水滴，平面插画，磨砂质感。（图7-2-6、图7-2-7）

填充式关键词描写的最大特点是随心所欲，想到什么加什么，不用拘泥于特定的描写形式，一幅图你可以有多种不同的想法，随心所欲。

2.定向描写

定向描写适用于有明确想法的时候，明确知道自己想要出什么样的图，可按照风格+你想要描述的画面+修饰词的常规手法先进行简单的描述，然后根据出图效果不断地增加、修改、调整关键词，必要时可借助一些外来工具进行辅助，直至生成符合自己满意的图为止。

这种关键词描写方法适用于有一定基础的朋友，需要大量的词汇积累，且对各种软件都有一定的了解，能够进行相应的操作。这种方式的出图可控性更高，人为干预更多，是第一种方式的进阶版，真正做到将AI绘画软件当作工具使用。

以下是我定向描写的实例。

描述词：秋日，阳光照耀下的枫叶林，风景插画，红色调，global illumination，明暗对比，明亮的色彩，a cinematic full view。（图7-2-8、图7-2-9）

选择完描述词以后，就可以按步骤创作了。

第一步，明确自己想要什么样的画面（如果会画画可以直接画个草图定型，再使用ControlNet进行操作，这样效率会很高）。

第二步，书写关键词。新手可先按照风格+画面+修饰词的方法写词，有一定经验之后可以直接按照自己的书写习惯写关键词，不必拘泥于特定格式。

第三步，根据出图的效果进行调整。在不改变画面主

图7-2-6

图7-2-7

图7-2-8

图7-2-9

体的情况下，对风格修饰词进行补充、更换、修改。前期不用拘泥于风格，只要保证画面呈现达到你想要的效果。词汇量积累不够的情况下可用百度以及询问语言类AI辅助描述你想要的效果。这一步就是反复试错的阶段，出不了你想要的画面是很正常的。可以适当加入一些英文描写，去帮助AI理解关键词。

我多次修改之后生成的几幅比较满意的图像，如图7-2-10至图7-2-13所示。

第四步，选出最符合自己心中画面的图。思考它和我们心中想法相悖的点在哪，再将它放到ControlNet中进行相应的操作。这里不只局限于ControlNet模式的选择，还有底层模型的选择和关键词的二次修改，然后重复第三步的操作，只不过这次的着重点在于风格

图7-2-10

图7-2-11

图7-2-12

图7-2-13

的研究探索，可以一直探索，直至出现符合自己想要的图为止。其他一些情况甚至可以借助第三方软件（如Photoshop、Procreate等）进行修改创作，以达到最佳出图效果。

三、如何从一张简笔画开始创作一幅满意的漫画？

图像作者及经验分享：Theo。

我想要一个有着鹿角的女神撑伞站在森林中的画面（图7-3-1），为了让人物更加可控，同时又不影响AI绘画软件的发挥，这里结合ControlNet来处理图像。先随手画一个潦草线稿，然后上传到Tiamat的ControlNet，模型选择线稿生成，参考权重设置为1。（图7-3-2）

接着就可以AI出图了，直到得到相对满意的图像为止，然后对图像进行初步修改得到一张可用的图像，用到的描述词和具体创作过程如下。

描述词：白色背景，中式水彩画，上半身，穿着汉服的中国白发仙女，长着鹿角和粉色的花，撑着伞，白色长发飞扬，立绘，国风，国潮，传统服饰，唐朝，炫酷动漫，水墨风格。（图7-3-3）

因为，我想把画面的背景换成森林背景，所以用Tiamet继续生成一张背景图，用到

图7-3-1

图7-3-2

图7-3-3

的描述词参考如下。

描述词：桃花林，桃花树，桃花枝，花瓣飘落，粉色，温暖梦幻，室外场景，场景插图，无人，炫酷动漫，水墨风格，水彩画。

这次选择完描述词以后，我在Photoshop中进行简单的抠图，替换背景，得到一幅满意的图像，如图7-3-4所示。

接着为了让人物和背景融合得更加自然、风格更加统一，我们可以结合两个ControlNet来处理一下之前的图像，分别选择“线稿生成”和“深度识别”，试一试哪种方式效果好。修改好描述词以后，剩下的就可以交给Tiamat来发挥了。（图7-3-5）

图7-3-4

最终我得到一幅比较满意的图像，最后我对比了一下“我给Tiamat”和“Tiamat给我”的效果，如图7-3-6、图7-3-7所示。

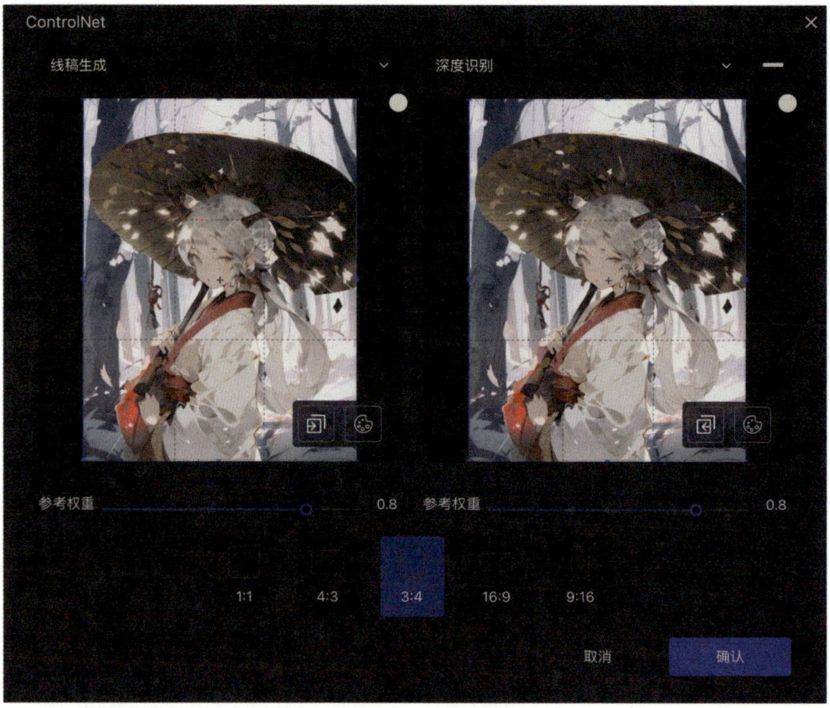

图7-3-5

图7-3-6

图7-3-7

四、如何制作华丽的漫画？

这是甲方的需求，要求是给直播间做动效的物料效果图如图7-4-1，需要分图层。

图像作者及经验分享：Sixone。（图7-4-2）

图7-4-1

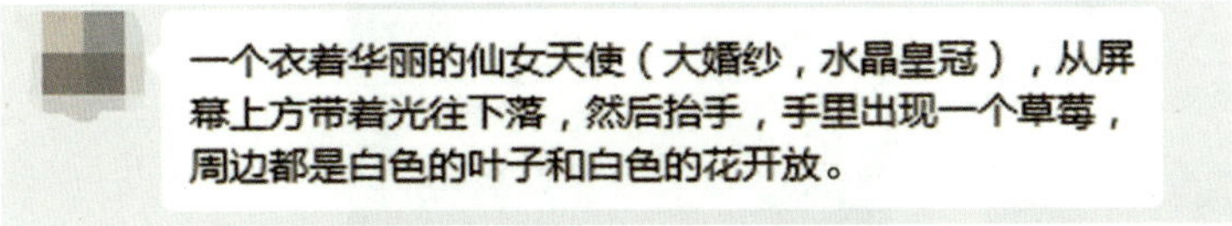

图7-4-2

我们分析要分的图层有哪些：主角色婚纱仙女，背景（甲方没说，暂定假设是华丽宫殿），前景是白色叶子和白色玫瑰花；风格上，甲方要求是厚涂或商插的风格。

首先解决主角色，即前期我使用Tiamat中的二次元+手办模型。这个模型出人物全身图有不错的效果，肢体比较全，不会存在全身不全的现象（Midjourney和Niji在不垫图的情况下不太容易出全身效果）。根据甲方的要求，我输入关键词：一个穿着婚纱戴着头纱的女孩，全身，飘浮在空中。

输入关键词以后，不用试太多次，我就能得到以下几张还不错的效果图，如图7-4-3至图7-4-7所示。

第三张的姿势、头纱、裙摆都很完整，我决定用它来作为主角色。

图7-4-3

图7-4-4

图7-4-5

图7-4-6

图7-4-7

由于现在的图的细节不够及脸部崩坏，且甲方希望有不同的画风选择，因此角色需要抠出来加上绿幕（方便转画风以后抠图），然后再细化。（图7-4-8）

使用细化软件，我便可以得到以下修复的脸部以及婚纱的材质细节，也可以通过Photoshop软件手动细化和修复。（图7-4-9、图7-4-10）

图7-4-8

图7-4-9

图7-4-10

甲方选择了厚涂风格：用Photoshop软件，抠出绿布后，可以再利用Photoshop软件修复一些细节。（图7-4-11）

最后回到Tiamat中生成一些白玫瑰花背景图，抠出后放到前景，再生成宫殿背景图叠加在背景上。角色背后加上神圣的背光提升一点氛围，画面基本上就大功告成了。（图7-4-12）

图7-4-11

图7-4-12

五、如何制作国风场景图？

图像作者及经验分享：不会画画的艾丁。

我最初想在画面中呈现：一间山野间寺庙，宁静的清晨，四周薄雾环绕；寺庙的钟声响起，钟声一响薄雾散开，眼前豁然开朗；春意盎然，画面富有禅意的闲居生活，但又不缺烟火气，雨季可行船，旱季能行人，水漫半山，一叶扁舟而过，两三对弈人，战个痛快；诗情画意又略有武侠意境，春去秋来，几数僧侣沿路下，盘膝于河谷中，论秋禅谈佛事，也是美哉。（图7-5-1）

于是，我完成了图7-5-1的描述词：中式平插，山野间的寺庙迎接曙光，初秋景色，云雾缭绕，悠扬钟声赞美宁静生活，人迹稀少，宁静气氛，闲居中享受生活乐趣。

我选择了中式平插模版，它让本来略微单调的画面，有了一丝国风插画的感觉。为了在一个画面中体现两季美，我就用到了ControlNet功能——边缘检测，这个功能是根据底图边缘生成类似图像的一种方式，为尽可能地保证画面的一致性，我以图7-5-1为底。

我又选择了描述词：秋天、枫树、山峰之上的霜雪。这样使春水图摇身一变成为秋霜图。（图7-5-2）

图7-5-1

图7-5-2

六、如何用AI制作一个卡通IP图形象？（图7-6-1）

图7-6-1

图像作者及经验分享：在野。

制作 IP 图形象一般分三步。

第一步，亲手画出草稿。假设我们设计一个以独角兽为灵感的可爱少女 IP 形象，我们可以用手绘出简单的例图，也可通过Tiamat进行简单灵感构思。（图7-6-2）

图7-6-2

第二步，用AI绘画辅助工具进行进一步完善，并进行3D制作。

首先，将草图导入到Tiamat中，在Tiamat的ControlNet功能中选择草稿生成选项。参考权重建议为0.75~0.9，并进行描述语的书写。

英文描述词：3d rendering，cute anime style，sea back ground centered，raytracing，edge lighting，fine luster，Bright highlights，pop mart design, front view, octane render, blender, hyper quality, Ultra HD, 8k.（7–6–3、图 7–6–4）

图 7–6–3

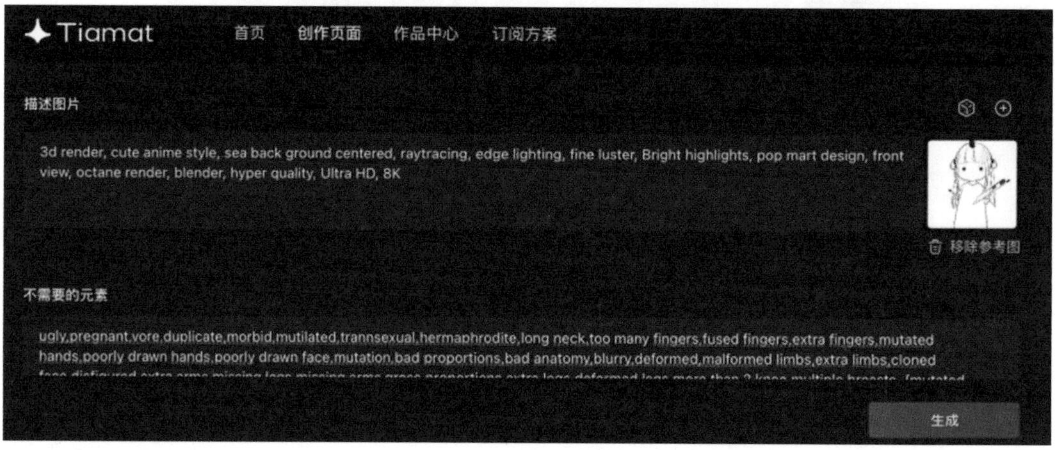

图 7–6–4

中文描述词：3D 渲染，可爱的动漫风格，以海洋背景为中心，光线追踪，边缘灯光，细腻的光泽，明亮的高光，正面视图，泡泡玛特设计，Octane 渲染，高品质，超高清，8K。（图 7–6–5）

将由 Tiamat 制作产生的 3D 效果图进一步优化，并将描述进一步完善。

完成后的英文描述：A cute girl with a paintbrush in her hand and a unicorn long horn on her head, she is a little painter, cute, wearing a gorgeous ornate painter clothes, blind box, spirit, full body, expressive facial expressions and bodymovement , 3drender, cute animestyle, sea back–

ground centered, raytracing, edge lighting, fineluster, Bright highlights, pop mart design, front view, octane render, blender, hyper quality, Ultra HD, 8k.

完成后的中文描述词：一个手里拿着画笔的可爱女孩，在她的头上有独角兽角，她是一个小画家，可爱，穿着华丽的画家服装，盲盒，全身，丰富的表情和身体动作，3D渲染，可爱的动漫风格，以海洋背景为中心，光线追踪，边缘照明，精细光泽，明亮的高光，正面视图，泡泡玛特设计，Octane渲染，超高质量，超高清，8K。（图7-6-6至图7-6-8）

图7-6-5

图7-6-6

图7-6-7

图7-6-8

第三步，若对现有成品感觉不满意，可持续性优化描述词，运用ControlNet功能，选用特定的模组进行迭代，或者根据已得出的设计初稿，进一步通过 Photoshop 等软件完成更改与完善，并进行相应排版。（图7-6-9）

图7-6-9

七、如何使一张房屋的草图呈现出一年四季的效果?

图像作者及经验分享：Bluelu Wong。

我想要设计一张复古别墅，作为小说主角的家，并能呈现出它伴随着主角在四季更迭中的变化。(图7-7-1)

首先，我打开Tiamat开始设计别墅的外形。为了确保我的别墅稳定可控，第一步要设计出别墅的线稿图。

我输入描述词：黑白线稿，复古欧式别墅，树荫环绕，速写。

于是，我得到了一幅让我满意的线稿图，如图7-7-2所示。

图7-7-1

图7-7-2

其次，我需要用这幅线稿图呈现出完整的色彩渲染。

我使用Tiamat Controlnet线稿生成模式，上传线稿，参考权重调整至0.8。

之后，我又调整了描述词：美丽的欧式复古别墅，复古色调，橘色与绿色系，温暖的颜色，梦幻般的光影，4K。（图7-7-3）

这样，我就得到了陪伴小说主角一生的别墅，带着恰到好处的复古与温暖。

我还希望呈现出这栋别墅在四季更迭中的变化。为了更好地还原别墅的外形设计和景深，我在此使用双Control Net来固定别墅线稿。（图7-7-4）

图7-7-3

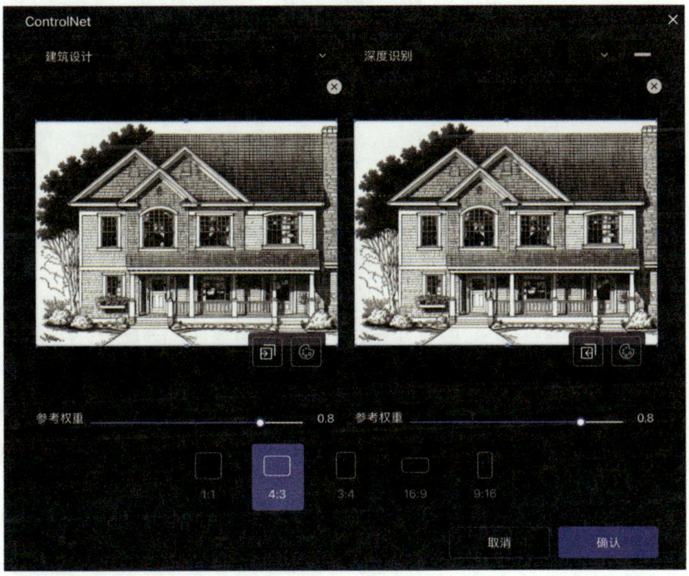

图7-7-4

我描绘春天的景象：美丽的欧式复古别墅，春天的场景，粉红色的樱花树，梦幻般的光影，4K。（图7-7-5）

我描绘夏天的景象：美丽的欧式复古别墅，夏天的场景，蓝天，绿树成荫，梦幻般的光影，4K。（图7-7-6、图7-7-7）

我描绘秋天的景象：美丽的欧式复古别墅，秋天的场景，金灿灿的树林，梦幻般的光影，4K。（图7-7-8）

我又描绘冬天的景象：美丽的欧式复古别墅，冬天的场景，白雪，红色与白色系，梦幻般的光影，4K。（图7-7-9）

至此，我用Tiamat在短时间内就得到了一系列完整的小说插画配图，并且效果非常完美，甚至后期所需的工作也非常少。

作为一名传统中国画师，从前的绘画设计流程往往较为缓慢耗时。我需要先在脑海中构思创意，然后用草稿琢磨构图，确定主要元素的形状、比例、布局等。接着逐步完善细节、添色等，画面需要仔细控制色彩搭配与明暗关系，一不小心就可能导致整幅画面色调失衡。每个步骤都需要高度专注，容易视觉疲劳。像这样一系列的作品从无到有往往需要数小时甚至数天的时间才能完成。

图7-7-5

图7-7-6

图7-7-7

图7-7-8

图7-7-9

而现在用Tiamat生成插画极大地提高了我的工作效率。我只需输入文本描述，或者提供样例参考素材，经过 Prompt 的完整设计，几秒钟内就可以输出多种创意方案，还可以快速浏览不同选项，打开局限的思路，得到无限灵感创意，进而选择满意的图像进行后期处理。

一份设计作品从无到有的整个过程可以压缩到几小时内完成，这大大减轻了画师/设计师的重复劳动，使创作更加高效。画师/设计师可以将更多的时间放在前期的创意构思上或者提高后期作品的完善度上。AI为设计创作提供了强大的生产力工具，极大地缩短了从原始构思到成稿输出的周期。总体来说，AI生成设计图像可以提高5~10倍的工作效率，使画师/设计师脱离大量重复劳动，有更多创造性思考的时间，这是一项革命性的进步。

八、如何在AI辅助下完成中华传统图腾的二次创作？

图像作者及经验分享：Gio

在我的设计领域中，设计初期阶段的工作往往要求我们对最终效果有一个初步但准确的预判。在这个关键阶段，我追求的是具有可控性的创新想法，而非高度精细化的图像效果。

目前，人工智能（AI）的功能恰好能满足我的需求。

以这个盘子（图7-8-1）为例，如果要基于它设计并迭代出新的图案样式，在传统工作流程中，我会先进行描图，然后填色，通过不断试验逐渐接近预期效果。这个过程通常既烦琐又耗时。（图7-8-2）

图7-8-1

运用AI辅助设计，为了实现更精确的构图，我同样会先进行描图，然后将描图进行分层。针对这次设计的需求，我将底稿分为“云纹”“龙纹”“火纹”“龙头”四个部分。分层输入AI，有助于我在后期进行更精细的细节调整。（图7-8-3至图7-8-8）

在使用Tiamat人工智能的Control Net线稿生成模式进行AI处理时，我会调整权重为1.0，确保得到的效果不会偏离最初想法太远。同时输入描述词：插画，街头，潮流，色彩丰富，白色背景，喜庆。于是我得到了如图7-8-9至图7-8-21所示的效果。这样，我只需要进行简单的组合，便能迅速得到初步的设计草图，如图7-8-22和图7-8-23所示。

通过这个过程，我得到了简洁有效的设计草稿。在设计初期，我们通常会制作许多此

图7-8-2

图7-8-3

图7-8-4

图7-8-5

图7-8-6

图7-8-7

图7-8-8

图7-8-9

图7-8-10

图7-8-11

图7-8-12

图7-8-13

图7-8-14

图7-8-15

图7-8-16

图7-8-17

图7-8-18

图7-8-19

图7-8-20

图7-8-21

图7-8-22

图7-8-23

类草稿，用以激发创意思考和确定设计方向。使用AI制作设计草稿，相较于我个人进行填色，不仅大幅提高了效率，而且带来了更多的随机性和创意元素。

在总结上述经验后，我们可以清晰地看到人工智能在设计领域的巨大潜力。AI 不只是一个工具，更是一种推动创意边界和扩展我们想象力的力量。通过 AI ，我们能够将传统的设计方法与先进技术结合起来，创造出前所未有的视觉效果和设计元素。

最重要的是，AI让设计师可以更专注于创意思考和创新，而非耗费时间在烦琐的手工过程中。这种技术的引入不仅提高了设计效率，还为设计师提供了一个无限宽广的实验平台。无论是快速迭代概念草图，还是探索新的视觉语言，AI 都已成为不可或缺的合作伙伴。

随着AI技术的不断发展和完善，我们预见到一个更加多元化和创新的设计领域。这不仅会推动设计行业的发展，还将激发更多跨界合作和新领域的探索。在这个充满多种可能性的时代，人工智能将是我们最可靠的伙伴，共同创造一个更加多彩和创新的未来。

九、好图“咒语”分享（图7-9-1至图7-9-4）

图7-9-1

图7-9-2

图7-9-3

图7-9-4

图像作者：王姝睿。

描述词：一个女孩，超细的细节，大胆的彩色斑点，厚重的阴影，电动调色板，周围是五颜六色的花朵，透明感，多巴胺头像。（图7-9-5）

图像作者：王姝睿。

描述词：中国式的面部特写，女孩，庄严的中国传统汉服，周围是复杂的Yokai面具，杰作，精美的粉彩画，京剧风格。（图7-9-6）

图7-9-5

图7-9-6

图像作者：不会画画的艾丁。

描述词：村田裕介艺术作品高尾奈留子，白色背景，一个深棕色卷发的女孩，戴着发夹，穿着浅蓝色甜美的娃娃领连衣裙，手里拿着花，夏天的花朵，多层质感。（图7-9-7）

图像作者：三花鸡腿子。

描述词：虚幻的色彩，一个充满对比的幻想世界，一个波希米亚坎迪兰巴洛克赛博朋克混搭城堡。高耸的城堡是一个复杂细节和霓虹灯的奇迹，幻想，原子朋克，美丽池塘中童话故事的粒子线，中国紫藤，彩色水晶，阳光，复杂细节，8K，超现实，摄影，RTX，虚幻引擎，HDR。（图7-9-8）

图像作者：三花鸡腿子。

描述词：夏夜萤萤，荷塘，萤火虫，月色。（图7-9-9）

图像作者：三花鸡腿子。

描述词：by Fairfield Porter and Margaret Macdonald Mackintosh，by Chris LabRooy and Albert Uderzo and Rene Goscinny，一座多彩童话的插图，童话世界，史诗般的全彩插图，超详细的插图，神奇世界，精美的富有想象力的海报艺术，彩色插图，rossdraws pastel friance，令人惊叹的数字插图，rossdraws 卡通充满活力，非常详细且丰富多彩。（图7-9-10）

图像作者：三花鸡腿子。

描述词：非常漂亮的水下城市

图7-9-7

图7-9-8

图7-9-9

图7-9-10

的特写镜头，里面有很多鱼、水下城市、水下环境、水下风景、水下蘑菇森林、深水下场景、未来派的水下大都市、水下外星海洋、黑暗的水下外星海洋、subnautica、cgsociety、深海景观、水下风景，by Stephan Martinière，metalpunk中式仙侠风格建筑，层叠的银色的建筑，飞檐，瀑布，云雾，红色、橘色、粉色、绿色、蓝色、棕色、配色，Mechanization，standardization，and disorientation，fantasy，studio ghibli style，atompunk，Chinese wistaria，colorful crystal，sun rays，by Salvador Dali，James C. Christensen，Picasso，Tim Burton，Naoto Hattori，David Merriam，Jacek Yarka，Intricate details，8K，by johfra bosschart，dark fantasy art，high detail，trending on artstation。（图7-9-11）

图7-9-11

图像作者：三花鸡腿子。

描述词：超大远景的，飘浮着的，明亮梦幻的世界，巨大的、美丽精致的植物，发光粒子组成的线条，无限幻想，trending on artstation，light effect，volumetric lighting，micro details，3d sculpture，unreal engine 5，8K，delicate and beautiful，mysterious and bright，浅色系。（图7-9-12）

图7-9-12

图像作者：三花鸡腿子。

描述词：aerial view，distance view，all in the sky，七彩折射，关于神域的幻想，流水，泉水叮咚，飘飘欲仙，汉白玉栏杆＋平台，仙境，层叠交错的中式建筑，bloomcore，白曝光，回响，梦境，彩虹，Intricate details ，8K，ultra realistic，photography，RTX，light mode，octane render，morbid，HDR，trending on artstation，light effect，ray tracing，high quality。（图7-9-13）

图7-9-13

图像作者：南雪球。

描述词：万塔布拉克太阳下的外星城市，史诗般的科幻场景，黑洞星际核心，神秘的怪诞，难以言喻的情绪，非常详细的，大规模，中心构图。（图7-9-14）

图7-9-14

图像作者：PPP的杂货铺。

描述词：概念插画，油画笔刷质感，玫瑰与远方，史诗级构图，电影光效。（图7-9-15）

图7-9-15

图像作者：PPP的杂货铺。

描述词：蓝天白云，青山绿水，水天一色，湖，波光粼粼，倒影，完美的构图。（图7-9-16）

图7-9-16

图像作者：JK。

描述词：丝状物，在宇宙中行驶的金色列车，金属质感，金色系，单色调，分层构图。（图7-9-17）

图7-9-17

图像作者：Bluelu Wong。

描述词：巨大而宏伟的树，太阳穿透云层，超广角，详细复杂的细节，电影光效。（图7-9-18）

图7-9-18

图像作者： Sixone。

描述词： 超广角，幻想艺术，电影灯光，最佳饱和度，蓬莱仙境，奇幻神话，五彩祥云，金色线条。（图7-9-19）

图像作者： 不会画画的艾丁。

描述词： 明月，楼阁，江船，雾蒙蒙，镏金插图。（图7-9-20）

图7-9-19

图7-9-20

图像作者：JK。

描述词：女孩，肖像，生物朋克，诡异的光，怪异的外星生物，平涂风格，Moebius。（图 7-9-21）

图7-9-21

图像作者：JK。

描述词：大远景，探险家，行走，科幻世界，生物朋克，怪异的外星生物，茂密的奇异植物，迷幻色彩，异星山脉，喀斯特地貌，星空，平涂风格，90s风格。（图 7-9-22）

图7-9-22

图7-9-23

图像作者：JK。

描述词：游戏场景设计，富有巨大想象力的东方奇幻城市，各种离奇建筑混杂其间，极具趣味与创意，机关城市，东方奇幻、墨家机制、宏大场景、古代东方，赛博朋克，CG，色彩丰富的动漫。（图7-9-23）

图7-9-24

图像作者：Jimmy。

一个皮肤白皙，头上长着魔鬼角的男人，皇帝，轻蔑的表情，华丽的、黑色、红色中式长袍，身后燃烧着破旧的中式古代建筑，低角度视角，完美的配色，电影般的，令人惊叹的，生动的，虚幻引擎，高度细致，概念艺术，现实主义。（图7-9-24）

图像作者：花椒。

描述词：这是一幅超现实的艺术作品，漂浮的岛屿和扭曲的树木的奇幻景观。（7-9-25）

图7-9-25

图像作者：花椒。

描述语：猫的近景照片，花卉装饰，平面设计与轮廓，蓝色和绿色的配色方案，大胆的轮廓，光效，8K，复杂的细节。（图7-9-26）

图7-9-26

图像作者：不会画画的艾丁。

描述词：古风插图，拼贴，天空，落日，巨大的瀑布，一座庄严的宫殿和两侧高耸的悬崖结合，禅宗，磨砂肌理，荡漾，东方审美，宏伟。（图7-9-27）

图7-9-27

后　记

这本书按计划完成了。此时想起刚刚接触AI绘画的时候，感觉它好强大。作为一名艺术家，我仿佛看到迎面冲过来一只庞大的猛兽，对它茫然无知又躲闪不及。然而，经过这段时间的学习、研究和不断探索，如今这只猛兽已然成为我的坐骑，我驾驭着它，共同驰骋沙场。相信所有读过此书的朋友，也会有同样的感觉。因此，我诚挚地邀请大家一同借助AI带来的力量与无限可能，共同挑战更大的目标！

在此，我要感谢参与撰写本书的每位艺术家、工程师，感谢他们倾注的智慧与辛勤努力！书中创作的大量作品是由我带的几位研究生协助完成的，其中第一章由吴雨欣协助完成；第二章、第三章由杨云杉协助完成；第六章中的《“青花机甲·十二生肖”系列动物造型》作者为王辽森，《奇妙的火星之旅》系列插画、《蒙元星座》系列作品的作者为杨云杉。一直以来，在AI绘画与设计的研究中，我辅导的几位研究生都勤奋认真，成果显著，让我深感欣慰！

完美世界的工程师对计算机专业知识章节进行了反复修改，使全书最终呈现给读者一个完整的、系统性的学习内容，也感谢出版社的编辑老师对此书给予的大力支持与帮助！

此外，需要说明的是，本书中的英文关键词作为AI绘画的提示词，有时并不是十分准确的描述，包括大小写的规范，但这并不会影响AI的创作效果。读者在使用这些提示词时，可以根据需要进行调整，充分探索AI绘画的可能性。还有，第七章的图片编号规则与前几章有所不同，因为第七章仅作为案例分享，并未像其他章节一样分节。为了确保图片编号的明确性和可读性，第七章采用了不同的编号规则，与前几章的编号方式略有差异，希望读者能够理解。

当下，AI绘画软件有很多不足，有很多它难以表现的绘画形式，它无法超越人类的智慧，理解人类的情感；但是AI绘画软件也有很多优势，它在不断迭代，为更多人提供艺术创作的可能性，让没有美术基础的人，通过输入文字，就能生成一幅幅完整、精细的画作。正如约瑟夫·博伊斯在20世纪70年代所说“人人都是艺术家”。AI绘画将带给世界更多的美好，也将带给人类更多的惊喜！

王　昊

2024年3月